Bibliografische Information der Deutschen Nationalbibliothek:

Die Deutsche Bibliothek verzeichnet diese Publikation in der Deutschen National-
bibliografie; detaillierte bibliografische Daten sind im Internet über http://dnb.d-
nb.de/ abrufbar.

Impressum:

Copyright © 2017 GRIN Verlag, Open Publishing GmbH
Druck und Bindung: Books on Demand GmbH, Norderstedt Germany
ISBN: 9783668535855

Dieses Buch bei GRIN:

http://www.grin.com/de/e-book/376067/vorbeugender-und-nachsorgender-
objektschutz-gegen-hochwasser-sanierungsvorschlaege

Iris Kammerer

Vorbeugender und nachsorgender Objektschutz gegen Hochwasser. Sanierungsvorschläge für Hauseigentümer

GRIN Verlag

HAWK – Hochschule für angewandte Wissenschaft und Kunst

Fakultät Management, Soziale Arbeit, Bauen

Studiengang Master Energieeffizientes und nachhaltiges Bauen
in Holzminden

Master-Thesis

Sanierungsvorschläge für Hauseigentümer

in Bezug auf Elementarschäden durch Hochwasser

Vorbeugender und nachsorgender Objektschutz

mit konkreten Beispielen

Verfasser: Iris Kammerer

Inhaltsverzeichnis

Abbildungsverzeichnis

Tabellenverzeichnis

Abkürzungsverzeichnis

B30	Bundestraße 30
DDR	Deutsche Demokratische Republik
EG	Europäischer Gemeinschaft
EPS	Expandierte Polystyrol-Hartschaumplatten
GK	Gefährdungsklasse
HQ	Hochwasserabfluss
HWR	Hochwasserrisiko
HWRM-RL	Hochwasserrisikomanagement-Richtlinie
i. A. a.	in Anlehnung an
LAWA	Bund-/Länder-Arbeitsgemeinschaft Wasser
Mrd.	Milliarde
Mio.	Million
PUR	Polyurethan-Hartschaumplatten
WHG	Wasserhaushaltsgesetz
WDVS	Wärmedämm-Verbundsystem
XPS	Extrudierte Polystyrol-Hartschaumplatten
ZÜRS Geo	Zonierungssystem für Überschwemmung, Rückstau und Starkregen

Symbolverzeichnis

°	Grad
%	Prozent
§	Paragraph

1 Einleitung

„Wann und wo das nächste Hochwasser eintritt, lässt sich auf lange Sicht nicht vorhersagen. Der beste Schutz ist und bleibt daher, die staatliche, kommunale und private Vorsorge stetig zu verbessern [...]."[1]

1.1 Problemstellung

In den letzten Jahren wurden durch Hochwasser- oder Starkregenereignisse immer wieder gravierende Schäden weltweit verzeichnet. Unter anderem deshalb wurden in Deutschland verschiedenste Informationsmaterialien zu Hochwasserschutzmaßnahmen erstellt. Bund, Länder und Kommunen haben unterschiedlichste Hochwasserstrategien umgesetzt, sowie technische Maßnahmen ergriffen, um Städte und Dörfer hochwassersicherer zu machen. Dennoch besteht auch in Gebieten, die nicht unmittelbar an einem Gewässer liegen, noch großer Handlungsbedarf zum Schutz gegen Überflutungen. Des Weiteren mangelt es an Aufklärungsbedarf der Bevölkerung, die sich der Gefahren und den Auswirkungen eines Hochwassers nicht bewusst ist. Nach einer Umfrage zur Überschwemmungsgefahr gehen 66 % aller Hausbesitzer davon aus, nie von einer Überschwemmung betroffen zu sein. Dies verdeutlicht, dass das Themas Überschwemmung unterschätzt wird.[2] Auch bei Geschädigten verschwindet das Risikobewusstsein für Hochwasser und Sturzfluten oftmals nach dem Ende der Aufräumarbeiten sehr schnell.[3]

Informationsbroschüren oder Hinweise im Internet sind meist sehr allgemein formuliert oder beinhalten lediglich Ratschläge für Neubauten. Da aber bei den bisherigen Hochwassern nur bereits bestehende Gebäude betroffen waren, fehlen hierzu mehr konkrete Beispiele, wie der Objektschutz realisiert werden kann.

1.2 Zielsetzung

Diese Arbeit behandelt die Gefahr eines Hochwassers, die daraus resultierenden Folgen und den bestmöglichen Schutz zur vorbeugenden Schadensminimierung. Dabei steht die Vorsorge durch bauliche Schutzmaßnahmen für Bestandsgebäude neben einer sinnvollen

---

[1] LfU Bayern (Hrsg.) (2016), S. 10.
[2] Vgl. GDV (Hrsg.) (2016), S. 47.
[3] Vgl. UBA (Hrsg.) (2011), S. 46.

Sanierung nach einem Überflutungsfall im Vordergrund. Auch Maßnahmen für geplante Objekte werden im Rahmen dieser Arbeit behandelt, um möglichen Schäden schon bei der Planung entgegenzuwirken.

Das Ziel dieser Arbeit ist, für Hauseigentümer eine praxisorientierte Hilfestellung zum Hochwasserschutz am Gebäude zu geben. Dazu muss zuerst bekannt sein, wie hoch das Risiko ist, von einem Hochwasser betroffen zu sein und ob das Gebäude schon ausreichend geschützt ist oder noch Handlungsbedarf besteht. Dies soll anhand einer ausgearbeiteten Hochwasserrisiko-Analyse für Hauseigentümer überprüft werden können.

Im Weiteren wird eine tabellarische Übersicht über Vorsorgemaßnahmen sowohl beim Neubau als auch beim Bestand beschrieben. Vor allem bei Bestandsgebäuden spielt der Objektschutz eine übergeordnete Rolle, weshalb hierzu nochmal separat ein Maßnahmenkatalog mit Objektschutzmaßnahmen erläutert wird. Abschließend werden für eine sinnvolle Sanierung nach einem Hochwasserereignis verschiedene geeignete und weniger geeignete Baustoffe und Baukonstruktionen für eine hochwasserangepasste Bauweise vorgestellt. Durch den gemeinsamen Einsatz dieser Informationsgrundlagen soll es Eigentümern erleichtert werden, die richtigen baulichen Schutzmaßnahmen vor oder nach einem Überflutungsfall oder schon bei der Planung eines Neubaus auszuwählen.

1.3 Aufbau der Arbeit

In Kapitel 2 werden zunächst kurz die Auswirkungen von Hochwasserereignissen vorgestellt. Daraufhin werden die Ursachen einer Hochwasserentstehung erklärt und es erfolgt eine Untergliederung der verschiedenen Hochwasserarten. Anschließend wird anhand eines Schaubildes dargestellt, welche Gefahrenstellen an einem Gebäude vorhanden sind und welche Schadensbilder infolge eines Hochwassers auftreten können.

Der weitere Aufbau dieser Arbeit orientiert sich am Risikomanagementzyklus der Bund-/Länder-Arbeitsgemeinschaft Wasser (LAWA), der die Punkte Vorsorge, Bewältigung und Regeneration anspricht (siehe Abbildung 1).

In Kapitel 3 wird zunächst beschrieben, welche Aufgaben und Verantwortungen bei der öffentlichen Hand liegen. Darauf folgt eine Übersicht über die Möglichkeiten der privaten Hochwasservorsorge, insbesondere der Bauvorsorge. Danach wird die Hochwasserrisiko-Analyse erläutert, anhand derer Hauseigentümer von bestehenden Gebäuden das persönliche Hochwasser- bzw. Schadensrisiko erkennen können. Im Weiteren erfolgt eine umfangreiche Auflistung von Schutzmaßnahmen sowohl im Neubau als auch im Bestand. Da vor allem für Betroffene eine Hilfestellung zu sinnvollen Objektschutzmaßnahmen gegeben werden soll, werden diese in einem gesonderten Maßnahmenkatalog beschrieben. Zum Abschluss dieses Kapitels werden Handlungsweisen zur verhaltenswirksamen Vorsorgemaßnahme beschrieben.

Anschließend wird in Kapitel 4 die Hochwassernachsorge behandelt. Diesem Punkt werden die Elemente Bewältigung und Regeneration zugeordnet. Die Bewältigung beginnt zwar schon während des Ereignisses, geht dann aber in die Phase der Nachsorge über. Für die Phase der Regeneration werden Konstruktionshinweise für eine hochwasserangepasste Bauweise während des Wiederaufbaus gegeben.

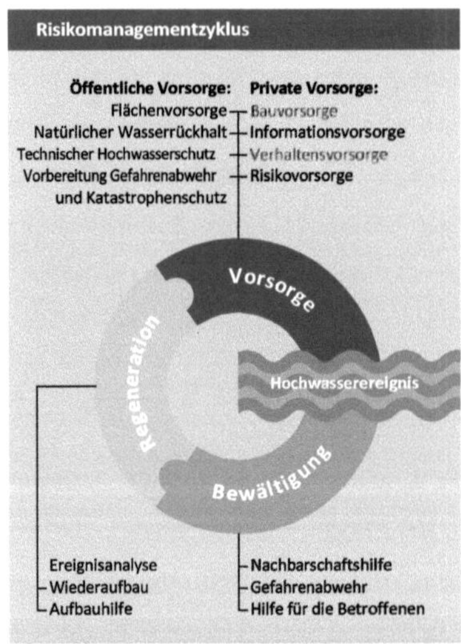

Abbildung 1: Aufbau der Arbeit anhand des Risikomanagementzyklus[4]

In Kapitel 5 erfolgt zum Abschluss des theoretischen Teils ein Fazit mit einem Ausblick über mögliche Weiterentwicklungen zum Thema Hochwasserschutz. Um die erarbeiteten Grundlagen in die Praxis umzusetzen, wird in Kapitel 6 beispielhaft an zwei Objekten, die beide bereits von einem Hochwasserereignis betroffen waren, jeweils ein Vorschlag für Hochwasserschutzmaßnahmen gemacht. Dazu wird eine Risikoanalyse für das jeweilige Objekt durchgeführt und abschließend ein Sanierungsvorschlag erläutert.

---

[4] BMUB (Hrsg.) (2016), S. 12.

1.4 Begriffsdefinitionen

Zum einheitlichen Verständnis des gesamten Inhalts müssen vorab einige Begriffe definiert werden.

Die **Sanierung** fällt unter die Maßnahmen zur Erneuerung eines Gebäudes und beinhaltet alle Handlungsweisen zur Wiederherstellung der Gebrauchsfähigkeit einer Baukonstruktion oder eines Gebäudes. Dazu gehören die Instandsetzung, die Rekonstruktion und die Adaptierung. Die Adaptierung beschreibt die funktionale Verbesserung eines Gebäudes. Dies kann mittels Aufstockung, Anbau, Umbau oder Ausbau erreicht werden.[5] Somit umfassen die Sanierungsvorschläge für Hauseigentümer im Kontext dieser Arbeit sowohl die präventiven baulichen Hochwasserschutzmaßnahmen an einem Gebäude, als auch die Aufrüstung nach einem bereits eingetretenen Schaden, da durch diese Maßnahmen die Funktion des Gebäudes als gesamtes Schutzobjekt erhöht wird.

Von einem **Elementarschaden** wird gesprochen, wenn ein natürliches Ereignis zu einem Schaden führt. Dazu gehören Schäden durch Hagel, Sturm (ab Windstärke acht), Überschwemmungen, Erdsenkungen, Schneedruck oder auch Vulkanausbrüche. Je nach Schadensart werden unterschiedliche Versicherungen benötigt.[6]

Unter einem **Hochwasser** wird die „zeitlich beschränkte Überschwemmung von normalerweise nicht mit Wasser bedecktem Land" verstanden (§ 72 WHG).[7] Dazu zählen sowohl Flussausuferungen, als auch der Oberflächenabfluss infolge von Starkregenereignissen.[8] Deshalb wird im Rahmen dieser Arbeit generell von einem Hochwasser gesprochen und nur punktuell werden die Besonderheiten eines Starkregenereignisses näher erläutert. Die verschiedenen Hochwasserarten werden zum allgemeinen Verständnis in Kapitel 2.2 behandelt.

---

[5] Vgl. Anette Galinski (Hrsg.) (2017).
[6] Vgl. Verbraucherzentrale (Hrsg.) (2016).
[7] dejure.org Rechtsinformationssysteme GmbH (Hrsg.) (2009).
[8] Ministerium für Umwelt, Klima und Energiewirtschaft Baden-Württemberg (Hrsg.) (2016b), S. 50.

2 Ursachen und Auswirkungen von Hochwasser

„Obwohl Hochwasser ein natürliches Ereignis ist, beeinflusst der Mensch, wie hoch die Wahrscheinlichkeit ist, dass ein Hochwasser eintritt, wie es verläuft und welche Schäden es anrichtet."[9]

2.1 Auswirkungen von Hochwasserereignissen

Im Zeitraum von 1980 bis 2016 konnte eine deutliche Zunahme der Naturkatastrophen weltweit verzeichnet werden. Abbildung 2 zeigt, dass vor allem hydrologische Ereignisse (Überschwemmungen und Massenbewegungen) in ihrer Anzahl signifikant gestiegen sind. Hochwasser gehört weltweit neben Sturm und Hagel zu den häufigsten Elementarschadensursachen. Rund ein Drittel aller gemeldeten Ereignisse und ein Drittel der volkswirtschaftlichen Schäden aus Naturkatastrophen sind weltweit auf Hochwasser zurückzuführen.[10]

Anzahl der Schadenereignisse 1980 bis 2016

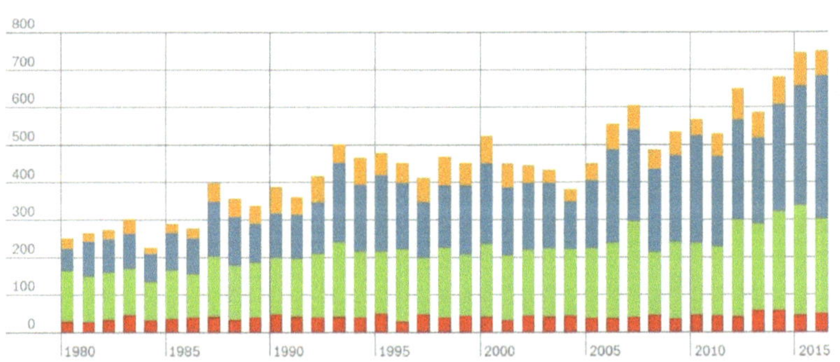

■ Geophysikalische Ereignisse: Erdbeben, Tsunami, vulkanische Aktivität
■ Meteorologische Ereignisse: Tropischer Sturm, außertropischer Sturm, konvektiver Sturm, lokaler Sturm
■ Hydrologische Ereignisse: Überschwemmungen, Massenbewegungen
■ Klimatologische Ereignisse: Extremtemperaturen, Dürre, Waldbrand

Abbildung 2: Anzahl Schadenereignisse 1980 bis 2016 aufgrund von Naturkatastrophen[11]

---

[9] UBA (Hrsg.) (2011), S. 16.
[10] Vgl. Munich Re (Hrsg.) (2017).
[11] Munich Re (Hrsg.) (2017), S. 56.

Während in den Industrienationen 90 % der Schäden rein materieller Art sind, sind in den Entwicklungsländern 90 % der Schäden körperlicher bzw. gesundheitlicher Art. Grund hierfür sind unter anderem die fehlenden finanziellen und technischen Möglichkeiten der Kommunen und Regierungen zum Bau von Schutzmaßnahmen, sowie eine fehlende Infrastruktur. Außerdem bietet auch die Bauweise der Häuser der Menschen keinen Schutz vor solchen Wassermassen.[12]

Ein Beispiel ist die Überschwemmung im Juli und August 2010 in Pakistan. Verheerende Fluten nach starken Monsunregen haben zum Tode von mehr als 1.700 Menschen und zu Folgeerkrankungen aufgrund des verseuchten Wassers geführt. 1,7 Mio. Häuser wurden beschädigt und mindestens 14 Millionen Menschen waren insgesamt von den Überschwemmungen betroffen. Humanitäre Hilfe für 6 bis 7 Mio. Menschen wurde benötigt und Tausende wurden zu Umweltflüchtlingen.[13]

Im Jahre 2016 ereigneten sich weltweit insgesamt 750 Naturschadensereignisse, allein die Hälfte davon waren hydrologische Ereignisse. Durch solche Ereignisse verloren rund 5.000 Menschen ihr Leben und es entstanden Schäden in Höhe von rund 56 Mrd. US-Dollar, von denen nur rund neun Mrd. US-Dollar versichert waren. Ein europaweiter Vergleich zeigt, dass Überschwemmungen 2016 nach Erdbeben die höchsten Schäden verursachten. Großräumige Überschwemmungen in Frankreich und heftige Sturzfluten in Deutschland führten zu Schäden von rund sechs Mrd. US-Dollar. Die Hälfte der Schäden wurde von der Versicherungswirtschaft getragen.[14]

Das jüngste Ereignis in Deutschland sind die Überflutungen im Mai und Juni 2016 in Süd- und Mitteldeutschland. Aufgrund von heftigen Starkniederschlägen durch die Sturmtiefe „Elvira" und „Friederike" schwollen innerhalb kürzester Zeit kleine Flüsse zu Sturzfluten an und überfluteten Straßen und Keller. Insgesamt kamen dabei 11 Menschen ums Leben[15] und es wurde an Häusern, Hausrat, Gewerbe- und Industriebetrieben ein geschätzter Schaden in Höhe von 800 Mio. Euro von der Versicherungswirtschaft gemeldet. Damit sind diese beiden Sturmtiefs die bisher teuersten Starkregen-Ereignisse in Deutschland, wie in Abbildung 3 zu sehen ist.[16]

---

[12] Vgl. BBK (Hrsg.) (2015), S. 32 f.
[13] Vgl. Potsdam Institute for Climate Impact Research (PIK) e. V. (Hrsg.) (2017).
[14] Vgl. Munich Re (Hrsg.) (2017), S. 54-58.
[15] Vgl. Munich Re (Hrsg.) (2017), S. 27.
[16] Vgl. GDV (Hrsg.) (2016c).

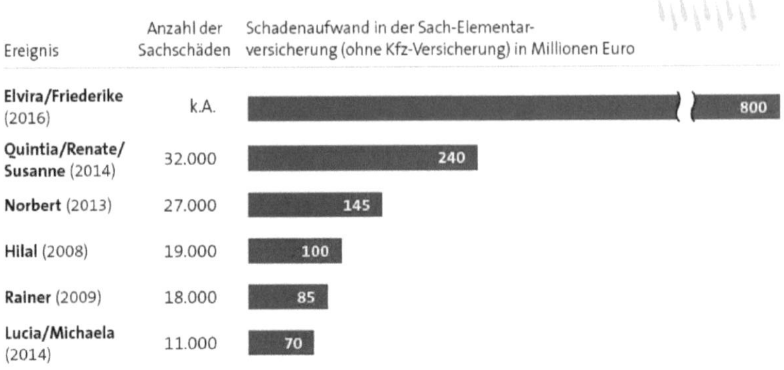

Ereignis	Anzahl der Sachschäden	Schadenaufwand in der Sach-Elementar-versicherung (ohne Kfz-Versicherung) in Millionen Euro
Elvira/Friederike (2016)	k.A.	800
Quintia/Renate/Susanne (2014)	32.000	240
Norbert (2013)	27.000	145
Hilal (2008)	19.000	100
Rainer (2009)	18.000	85
Lucia/Michaela (2014)	11.000	70

Abbildung 3: Schadenshöhen von Starkregenereignissen in Deutschland[17]

In der Klimaforschung bestehen noch sehr große Unsicherheiten hinsichtlich eines Trends zur Zunahme von Flusshochwassern in der Zukunft. Die Tendenzen aus bisherigen Forschungsprojekten sind jedoch überwiegend positiv, es wird also davon ausgegangen, dass Flusshochwasser zunehmen werden.[18] Auch bei den Starkregenereignissen gib es noch Unsicherheiten hinsichtlich der Aussage über einen konkreten Zukunftstrend. Verschiedene Klimamodelle sagen jedoch eine Veränderung in der Häufigkeit und Intensität von Starkniederschlagsereignissen und eine wahrscheinliche Zunahme der Ereignisse voraus.[19]

2.2 Entstehung eines Hochwassers

Insgesamt gibt es drei Faktoren, die ausschlaggebend für ein Hochwasser sind. Neben dem Niederschlagsereignis als **Auslöser**, der Geländebeschaffenheit des Einzugsgebietes und der Wasserspeicherungseigenschaften des Bodens als **Rahmenbedingung**, gibt es zusätzlich **menschengemachte Ursachen**, die eine Überschwemmung begünstigen.[20]

Niederschläge können je nach Temperatur in Form von Regen, Hagel, Schnee oder Tau auftreten.[21] In Abbildung 4 ist dargestellt, dass ein Teil des Niederschlags im Boden versi-

---

[17] GDV (Hrsg.) (2016c).
[18] Vgl. Brasseur / Jacob / Schuck-Zöller (Hrsg.) (2017), S. 99 f.
[19] Vgl. Brasseur / Jacob / Schuck-Zöller (Hrsg.) (2017), S. 60.
[20] Vgl. Aktion Deutschland Hilft e. V. (Hrsg.) (2017).
[21] Vgl. NLWKN (Hrsg.) (2005), S. 8.

ckert und dort neues Grundwasser bildet. Ein anderer Teil verdunstet direkt wieder in die Atmosphäre und nochmal ein anderer Teil fließt über die Oberfläche in die Gewässer. Welche Niederschlagsmenge im Boden versickert, hängt sowohl von der Niederschlagshöhe, der Niederschlagsdauer als auch von der Beschaffenheit des Bodens ab.[22] Im Winter wird die Hochwassergefahr durch gefrorenen Boden und im Frühjahr durch Schneeschmelze verschärft.[23]

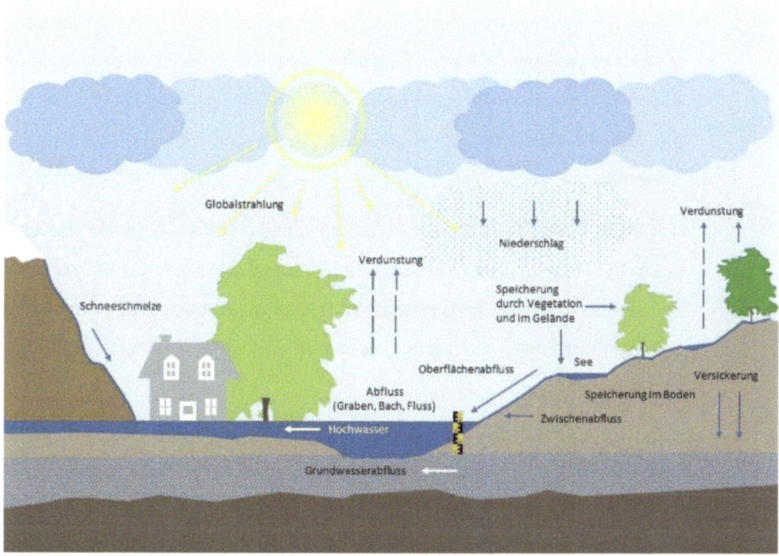

Abbildung 4: Entstehung von Hochwasser[24]

Auf versiegelten Flächen in Form von Siedlungs- und Verkehrsflächen kann das Wasser nicht versickern, weshalb das Wasser oberirdisch abläuft und Überflutungen begünstigt. Durch den Gewässerausbau wurden die Flussbette für die Schifffahrt tiefer und breiter ausgebaut sowie begradigt. Dadurch gingen Überschwemmungsflächen verloren, der Flusslauf wurde verkürzt und der Abfluss beschleunigt. Gleichzeitig wurden mehr Siedlungsflächen in gewässernahen Bereichen erschlossen. Deshalb können immer wieder große Überschwemmungsereignisse verzeichnet werden. Auch Veränderungen in der Forst- und Landwirtschaft führen zu einem erhöhten Oberflächenabfluss. Durch Abholzung und Ausdünnung von Waldgebieten kann weniger Wasser verdunsten, Böden können we-

---

[22] Vgl. UBA (Hrsg.) (2011), S. 13 f.
[23] Vgl. UBA (Hrsg.) (2011), S. 14.
[24] NLWKN (Hrsg.) (2016).

niger Wasser aufnehmen. Aufgrund der Flächenbewirtschaftung in der Landwirtschaft werden Auen und Feuchtestandorte aufgegeben und der Boden wird durch den Einsatz von schweren Maschinen verdichtet. Dadurch kann weniger Wasser in der Fläche versickern.[25]

Bei den Hochwasserarten wird zwischen Flusshochwasser, Sturzfluten oder Überflutung aus Starkniederschlägen, Grundwasseranstieg und Sturmflut unterschieden.

Einem **Flusshochwasser**, auch fluviales Hochwasser genannt, gehen lange, großflächige Dauerregen teilweise in Verbindung mit einer Schneeschmelze voraus. Kann der gesättigte Boden kein Wasser mehr aufnehmen, fließt der Niederschlag direkt in die Gewässer.[26] Ist die Aufnahmekapazität der Flüsse erreicht, werden die angrenzenden Gebiete überschwemmt.[27]

Der Verlauf eines Hochwassers ist entscheidend durch die Form des Einzugsgebietes geprägt. In einem langgestreckten, großen Einzugsgebiet fließt das Wasser in einer flachen, anhaltenden Welle ab. Im Gegensatz dazu läuft das Wasser in einem runden Einzugsgebiet aus allen Richtungen gleichzeitig zusammen und bildet eine kurze, sehr steile Hochwasserwelle.[28]

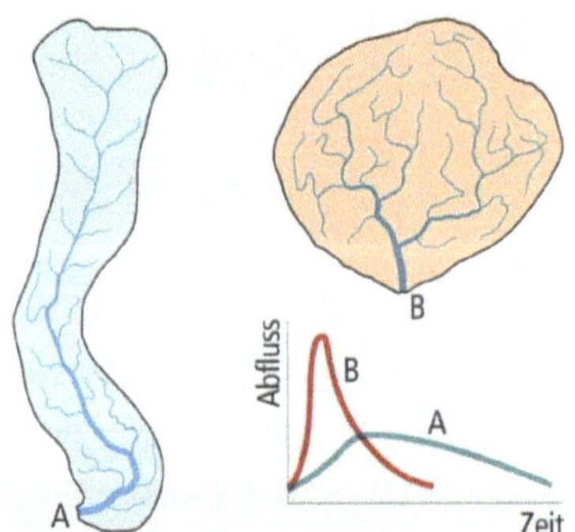

Abbildung 5: Form des Einzugsgebietes und Hochwasserverlauf[29]

Das Zeit-Abfluss-Diagramm in Abbildung 5 zeigt, dass die Form des Einzugsgebietes auch die Vorwarnzeit eines Hochwassers beeinflusst. Diese kann je nachdem mehrere Stunden

---

[25] Vgl. Aktion Deutschland Hilft e. V. (Hrsg.) (2017).
[26] Vgl. Patt / Jüpner (Hrsg.) (2013), S. 561.
[27] Vgl. UBA (Hrsg.) (2011), S. 14.
[28] UBA (Hrsg.) (2011), S. 14.
[29] Geographisches Institut der Universität Bern (Hrsg.) (2015).

bis Tage betragen. Flusshochwasser können mehrere Stunden bis Wochen andauern und treten immer wieder in denselben Bereichen an großen Flüssen meist im Winter und im Frühjahr auf.[30]

Zu einer **Sturzflut oder einer Überflutung aus Starkniederschlägen**, auch pluviale Überflutung genannt, führen kurze, heftige, lokale Niederschläge, die typischerweise in Verbindung mit Gewittern einhergehen. Ab einer Niederschlagsmenge von 5 Millimeter innerhalb von 5 Minuten bzw. ab 20 Millimeter in einer Stunde wird dabei von Starkregen gesprochen.[31] Bei einer Sturzflut ist der Boden zwar zumeist nicht gesättigt, jedoch übersteigt die Niederschlagsintensität die Infiltrationsrate des Bodens. Der Oberflächenabfluss führt damit zu einer Überflutung.[32]

Da sich das Ereignis in kleinflächigen Gebieten abspielt, schwellen kleine Flüsse und Bäche in kürzester Zeit zu reißenden Flüssen an. In hügeligem oder bergigem Gelände kommt es dabei zu sogenannten Sturzfluten. Solche Sturzfluten können große Mengen an Treibgut und erodierten Materialien mit sich reißen, das sich an Engstellen sammelt und so durch den Rückstau das umliegende Gelände überflutet. Doch auch in der Ebene und weit ab von Gewässern sind Überflutungen infolge von Starkregen möglich. Das Wasser verteilt sich dabei schnell auf weite Flächen und kann sich in Senken, wie z. B. Tiefgaragen und Kellergeschossen, ansammeln.[33] Bei Starkregenereignissen sind meist auch die Abwasser- und Entwässerungssysteme überlastet. Der Oberflächenabfluss übersteigt die Aufnahmekapazität der Kanalisation und das Wasser kann nicht mehr abgeführt werden. Es entsteht ein Rückstau im Kanal. Dadurch kann das Wasser über die Hausanschlussleitungen in die Kellerräume oder über die Straße direkt in die Gebäude strömen.[34]

Starkregenereignisse treten in der Regel in den Sommermonaten innerhalb von wenigen Minuten auf, der genaue Ort und Zeitpunkt lässt sich kaum vorhersagen. Deshalb sind Vorwarnungen und kurzfristige Schutzmaßnahmen zur Schadensminderung so gut wie nicht möglich. Im Gegensatz zu Flusshochwassern ist die Dauer des Ereignisses kürzer und beträgt nur wenige Stunden.[35]

---

[30] Vgl. Patt / Jüpner (Hrsg.) (2013), S. 562.
[31] Vgl. LUBW (Hrsg.) (2016), Anhang S. 19 f.
[32] Vgl. Patt / Jüpner (Hrsg.) (2013), S. 562.
[33] Vgl. Ministerium für Umwelt, Klima und Energiewirtschaft Baden-Württemberg (Hrsg.) (2016b), S. 2.
[34] Vgl. Patt / Jüpner (Hrsg.) (2013), S. 562.
[35] Vgl. Patt / Jüpner (Hrsg.) (2013), S. 562 f.

Ein **Grundwasseranstieg** erfolgt aufgrund langanhaltender Niederschläge oder Nassperioden im Klimageschehen sowie aufgrund von Hochwasserereignissen. Bei langanhaltendem Hochwasser kann es auch zu sogenanntem Qualmwasser kommen, das durch Durchsickerung unter einem Deich oder einer Schutzmauer außerhalb des Überschwemmungsgebietes auftritt.[36] Dabei kann das Grundwasser sogar über die Geländeoberkante treten und Überschwemmungen verursachen. Diese Art der Überschwemmung kann zum Teil über mehrere Monate andauern und tritt überwiegend im Frühjahr auf. Betroffen sind vom Grundwasseranstieg nur kleinflächige Gebiete und hauptsächlich Gebäude in Talauen und Senken.[37] Diese Art des Hochwassers wird im weiteren Verlauf als Begleiterscheinung eines Hochwasserereignisses betrachtet. Schutzmaßnahmen vor Grundwasser werden allgemein kurz erläutert, jedoch wird dies nicht näher betrachtet, da dies den Umfang dieser Arbeit übersteigen würde.

Bei einer **Sturmflut** sorgen nicht Niederschlagsereignisse, sondern orkanartige Stürme für eine Überschwemmung der Küstenregionen. Von einer Sturmflut wird gesprochen, wenn der Wasserstand höher als 1,5 Meter über dem mittleren Hochwasserstand liegt. Sie treten überwiegend im Winter und im Frühjahr auf und betreffen nur einen relativ schmalen Küstenstreifen. Dabei können mehrere Sturmfluten aufeinander folgen oder von Unwettern begleitet sein. Dies führt dazu, dass solch ein Ereignis mehrere Stunden bis Tage dauern kann.[38] Die Verbesserung von Küstenschutzmaßnahmen sowie die Weiterentwicklung der Vorhersage- und Warnmöglichkeiten haben große Sturmflutkatastrophen reduziert.[39] Diese Hochwasserart wird in dieser Arbeit jedoch nicht näher betrachtet, da sie nicht unmittelbar mit einem Niederschlagsereignis zusammenhängt.

In Tabelle 1 sind die oben beschriebenen Hochwasserarten noch einmal tabellarisch zusammengestellt und die Unterscheidungsmerkmale aufgeführt.

---

[36] Vgl. DWA (Hrsg.) (2016), S. 15.
[37] Vgl. Patt / Jüpner (Hrsg.) (2013), S. 563.
[38] Vgl. Hydrotec Ingenieurgesellschaft für Wasser und Umwelt mbH (Hrsg.) (2010), S. 99 f.
[39] Vgl. Patt / Jüpner (Hrsg.) (2013), S. 561.

Tabelle 1: Unterscheidung der Hochwasserarten[40]

Art	Ursache	Charakteristik	Gefährdete Bereiche	Auftreten im Jahresverlauf
Fluss-hochwas-ser	lange, großflä-chiger Dauerre-gen, teilw. Schnee-schmelze	Vorwarnzeit mehrere Stun-den bis Tage, Dauer mehrere Stunden bis Wo-chen	klein- bis groß-flächige Gebiete entlang von Ge-wässern	überwiegend im Winter und im Frühjahr
Sturzflut oder Starkre-genereig-nisse	lokaler Starkre-gen (Gewitter)	Vorwarnzeit einige Minuten, Dauer wenige Stunden	praktisch jeder beliebige Ort, auch fernab von Gewässern, kleinflächige Gebiete	überwiegend in den Sommer-monaten
Grund-wasseran-stieg	langfristig über-durchschnittli-che Nieder-schlagsmengen	Dauer zum Teil mehrere Monate	kleinflächige Gebiete, Talauen, Senken	überwiegend im Frühjahr
Sturmflut	hoher Wasser-stand durch Windstau, hohe Wellen	Vorwarnzeit vorhanden, Dauer mehrere Stunden bis Tage	relativ schmaler Küstenstreifen	überwiegend im Winter und im Frühjahr

2.3 Gefährdungspotenzial von Gebäuden

Starkniederschläge und Überschwemmungen stellen eine Gefahr für Gebäude dar. Tritt Wasser in ein Gebäude ein, werden dadurch Schäden im und am Gebäude verursacht. Dabei spielen neben dem Oberflächenwasser auch das Grundwasser, der Kanalrückstau sowie große Niederschlagsmengen eine Rolle.

In Abbildung 6 sind die kritischen Gefahrenstellen eines Gebäudes dargestellt, durch die Wasser in ein Gebäude eindringen kann, und werden jeweils kurz erklärt. Zu beachten ist, dass Wasser während eines Überflutungsfalles nicht nur durch eine, sondern durch mehre-re Gefahrenstellen in ein Gebäude eindringen kann.

---

[40] Quelle: Eigene Darstellung i. A. an Patt / Jüpner (Hrsg.) (2013), S. 560 und Hydrotec Ingenieurgesell-schaft für Wasser und Umwelt mbH (Hrsg.) (2010), S. 100.

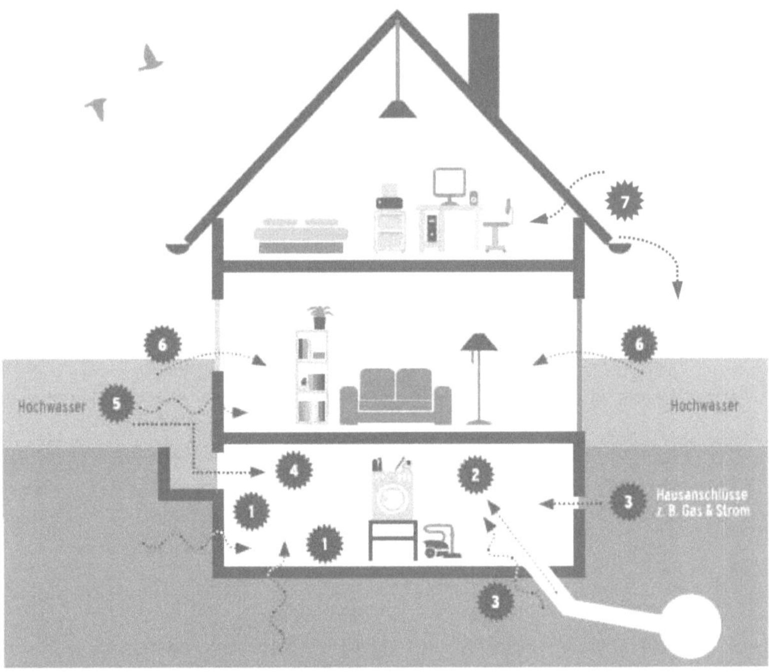

Abbildung 6: Wassereintrittsmöglichkeiten und Einwirkungen auf das Gebäude[41]

1. Eindringen des Grundwassers durch **Kellerwände und Gründungssohle** sowie Einwirkungen auf **Fundamente**:

   Aufgrund ungeeigneter Baumaterialien oder fehlender Abdichtungen gegen Bodenfeuchtigkeit ist es möglich, dass Kellerwände oder die Sohle durchnässt werden und so Wasser ins Gebäude dringen kann. Es besteht die Gefahr, dass die Seitenwände und / oder die Sohle dem statischen Wasserdruck nicht standhalten und beschädigt werden. Bei der Gründungssohle ist ein Grundbruch möglich.

   Sind die Gründungssohle oder Fundamente nicht ausreichend gegen die entstehenden Auftriebskräfte gesichert und übersteigt die Auftriebskraft die Summe aller Gebäudelasten, kann das Gebäude aufschwimmen und an Standsicherheit verlieren. Dies ist nicht nur durch den Anstieg des Grundwassers, sondern auch aufgrund von Sicker- und Stauwasser möglich. Vor allem noch während der Bauphase, wenn noch nicht alle Stockwerke fertig sind, dürfen die Auftriebskräfte nicht vernachlässigt werden. Weite-

---

[41] UBA (Hrsg.) (2011), S. 42.

re Gefahren bestehen durch Zwangsbeanspruchungen des Tragwerkes durch Setzungen und Verformungen infolge unterspülter Fundamente.[42]

2. Eindringen des Rückstauwassers aus der **Kanalisation**:

Steigt Wasser bis über die Rückstauebene des öffentlichen Kanalnetzes und besteht kein ausreichender Schutz für die Hausinstallationen (z. B. Toilette, Bodenabläufe, Waschbecken etc.), kann Wasser über Entwässerungseinrichtungen unter der Rückstauebene ins Gebäude laufen. Durch austretende Fäkalien ergibt sich dann auch ein hygienisches Problem. Sind Kanalleitungen undicht, kann es infolge eines Grundwasserhochstandes ebenfalls einen Rückstau geben.[43]

3. Eindringen des Grundwassers durch Umlauf bei **Hausanschlüssen** oder durch **undichte Fugen**:

Sind Hausdurchführungen oder Fugen zwischen Bauteilen (z. B. Außenwand und Kellerdecke) nicht besonders abgedichtet, kann dort Wasser ungehindert eindringen. Besonders Kabel sind in der Regel nicht druckwasserdicht durch das Mauerwerk geführt und stellen eine Gefährdungsstelle da.[44]

4. Eindringen des Oberflächenwassers durch **Lichtschächte, Kellerfenster und -türen**:

Kellerfenster und -türen halten den einwirkenden Wasserdruckkräften meist nicht Stand und werden eingedrückt oder zerstört. Das Oberflächenwasser dringt dann über die geöffneten Bereiche in das Gebäude ein.[45] Auch über Rollladenkästen kann Wasser in ein Gebäude gelangen.

5. Eindringen des Oberflächenwassers infolge Durchsickerung der **Außenwand** sowie Einwirkungen auf die **Gebäudesubstanz**:

Bei der Außenwand spielen zwei spezielle Gefährdungen eine Rolle. Zum einen kann Wasser durch die Gebäudewand in das Haus einsickern. Die entscheidenden Parameter sind in diesem Fall die Baumaterialien der Außenwand und die Dauer der Einwirkzeit auf die Außenwand. Sockel aus durchfeuchtungsempfindlichen Materialien oder der Mangel an einer funktionierenden Wasserableitung begünstigen die Durchsickerung.[46] Geht ein Starkregenereignis mit einem Sturm einher, ist es möglich, dass wind-

---

[42] Vgl. Suda / Rudolf-Miklau (Hrsg.) (2012), S. 74-79.
[43] Vgl. Suda / Rudolf-Miklau (Hrsg.) (2012), S. 87 f.
[44] Vgl. BMUB (Hrsg.) (2016), S. 25.
[45] DWA (Hrsg.) (2016), S. 44.
[46] Vgl. BBSR (Hrsg.) (2015), S. 11.

getriebenes Wasser durch regenempfindliche Gebäudefassaden in das Gebäudeinnere gelangt.[47]

Ein weiterer Aspekt sind statische und dynamische Kräfte, die aufgrund des anstehenden bzw. vorbeifließenden Wassers auf ein Gebäude einwirken. Auf diese Kräfte ist die Gebäudehülle in der Regel nicht ausgelegt. Schadensbilder der Vergangenheit zeigen, dass Häuser mit geringer Gründungstiefe verschoben oder leicht zum Einsturz gebracht werden. Weiter ist es möglich, dass große Objekte (z. B. Baumstämme, Felsblöcke, Fahrzeuge) an der Gebäudehülle anprallen und diese beschädigen.[48]

Sind Öltanks oder andere wassergefährdende Stoffe nicht ausreichend gesichert, können diese austreten und führen zu einer Kontamination des Gebäudes.[49]

6. Eindringen des Oberflächenwassers oder Regens durch **Tür- und Fensteröffnungen**:

   Ist das Erdgeschoss ebenerdig mit der Geländeoberkante ausgeführt oder ist die Einlaufschwelle zu gering, stellen dort bodentiefe Gebäudeöffnungen eine Gefährdung dar, solange sie nicht besonders geschützt sind. Steigt das Hochwasser bis hin zu Fensteröffnungen, kann auch dort das Wasser eindringen. Hier wirken ebenfalls die statischen und dynamischen Wasserdruckkräfte auf die Bauteile.[50]

   Des Weiteren ist es möglich, dass sich bei Starkniederschlägen das Wasser auf Balkonen oder Terrassen anstaut und dann über die Türöffnung in das Gebäude eindringt. Auch über geöffnete Dachflächenfenster kann Wasser in das Gebäude gelangen. Ist Wasser in das Gebäude eingedrungen, besteht eine weitere Gefahr durch Auflasten auf Geschossdecken durch Überstau sowie durch abgelagerten Schlamm.[51]

7. Eindringen des Niederschlagwassers über **undichte Dachhaut** und **Regenrohre**:

   Bei Starkregenereignissen ist die Dachentwässerung schnell überlastet. Besonders Flachdächer sind hier gefährdet, aber auch bei Schrägdächern kann das Wasser in der Dachrinne überquellen und in das Gebäude eintreten. Ist eine innenliegende Entwässerung vorhanden und defekt, kann dies schnell zu großen Schäden am Gebäude führen. Durch Schäden an der Dachhaut oder klaffende Fugen ist ebenfalls ein Wassereintritt von oben in das Gebäude möglich.[52]

---

[47] Vgl. Egli (2007), S. 85.
[48] Vgl. Suda / Rudolf-Miklau (Hrsg.) (2012), S. 76-86.
[49] Vgl. BBK (Hrsg.) (2015), S. 60.
[50] Vgl. Suda / Rudolf-Miklau (Hrsg.) (2012), S. 74-79.
[51] Vgl. Egli (2007), S. 89.
[52] Vgl. BBK (Hrsg.) (2015), S. 59.

2.4 Schadensbilder infolge eines Hochwassers

§ 73 Abs. 1 WHG besagt, dass ein **Hochwasser** nachteilige Folgen für die menschliche Gesundheit, die Umwelt, das Kulturerbe sowie wirtschaftliche Tätigkeiten haben und erhebliche Sachschäden hervorrufen kann. Schäden infolge eines Hochwassers können den direkten und indirekten Hochwasserschäden zugeordnet werden. Ein direkter Schaden entsteht durch den physischen Kontakt mit dem Hochwasser, ein indirekter Schaden wird durch das Hochwasser ausgelöst, tritt aber räumlich und zeitlich gelöst vom eigentlichen Ereignis auf. Diese beiden Schadensarten lassen sich dann nochmal unterteilen in tangible und intangible Schäden, wobei nur die tangiblen Schäden monetär bewertet werden können.[53]

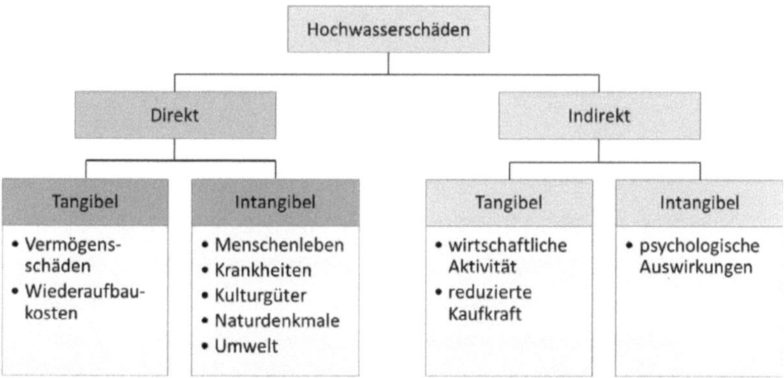

Abbildung 7: Kategorisierung von Hochwasserschäden[54]

Im Privathaushalt und Wohngebäuden können Hochwasserschäden unterschieden werden zwischen Schäden am Gebäude, Schäden am Hausrat sowie Schäden an Außenanlagen, Nebengebäuden und Kraftfahrzeugen.[55] Gebäudeschäden beziehen sich auf die äußere Hülle des Gebäudes einschließlich der Tragkonstruktion, die innere bauliche Ausstattung des Gebäudes, wie Innenwände und Innenausbauten sowie die technische Gebäudeausrüstung.[56] Ein Gebäudeschaden ist ein Vermögensschaden und führt auch zu Wiederaufbaukosten. Deshalb ist dieser ein direkter, tangibler Hochwasserschaden.

Welche Schäden an einem Gebäude konkret auftreten, hängt von den Einwirkungsprozessen ab. Die Einflussfaktoren sind der Hochwasserstand als statische Komponente, die

---

[53] Vgl. Thieken / Seifert / Merz (Hrsg.) (2010), S. 25.
[54] i. A. a. Patt / Jüpner (Hrsg.) (2013), S. 524.
[55] Vgl. Thieken / Seifert / Merz (Hrsg.) (2010), S. 95.
[56] Vgl. DWA (Hrsg.) (2016), S. 17.

Fließgeschwindigkeit bzw. Strömung als dynamische Komponente, die Wasserinhaltsstoffe in Form von Schwimm- und Schwebstoffen, sowie die Dauer der Einwirkung.[57] Die Schadensbilder infolge eines Hochwasserereignisses umfassen drei Schadenstypen: Feuchte- und Wasserschäden, strukturelle Schäden und Kontaminationsschäden.

Bei jedem Hochwasserereignis sind **Feuchte- und Wasserschäden** zu verzeichnen, dementsprechend sind unterschiedlichste Schädigungen möglich. Zu den typischen Schadensbildern gehören

- verfärbte Durchfeuchtungsbereiche,
- Wasserstandlinien,
- Ausblühungen an Oberflächen,
- Form- und Volumenveränderungen,
- sowie die Zerstörung von Technischen Gebäudeanlagen.

Bei fehlenden Entwässerungsmöglichkeiten im Schichtenaufbau kann die Feuchtigkeit langfristig einwirken. Dies kann Folgeschäden in Form von Festigkeitsverlusten, Reduzierung der Wärmedämmeigenschaften, Befall von Mikroorganismen oder Korrosionserscheinungen verursachen.[58] Bei einem Starkregenereignis sind nicht nur Bauteile im unteren Bereich (Kellergeschoss, Erdgeschoss) eines Gebäudes betroffen, sondern auch in den oberen Stockwerken (Obergeschoss, Dachgeschoss) sind Feuchteschäden durch das Eindringen von Wasser zu verzeichnen.

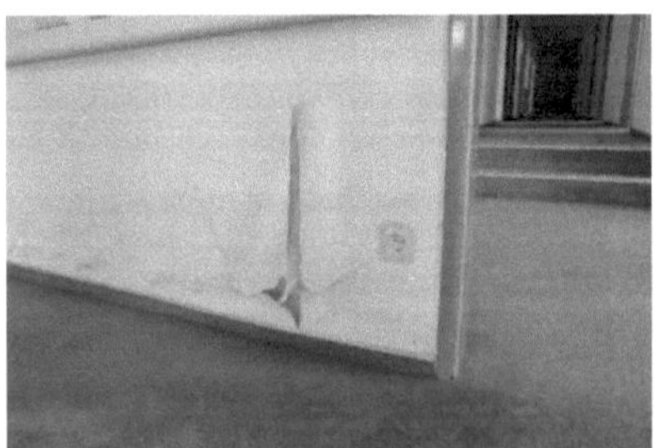

Abbildung 8: Feuchteschaden infolge eines Hochwassers[59]

Abbildung 9: Stehendes Wasser in der Schichtenfolge einer Dachterrasse[60]

---

[57] Vgl. DWA (Hrsg.) (2016), S. 16.
[58] Vgl. BMUB (Hrsg.) (2016), S. 39.
[59] Weller / Fahrion / Horn et al. (2016), S. 132.
[60] Weller / Fahrion / Horn et al. (2016), S. 184.

Zu den wesentlichen Schadensbildern von **strukturellen oder statisch relevanten Schäden** zählen Gründungsschäden, wie z. B. Setzungen oder Unterspülung infolge von Erosion oder Auskolkung des Baugrundes. Diese Schäden sind vor allem nach einer Sturzflut zu beobachten, da der Oberflächenabfluss sehr schnell ist. Weitere strukturelle Schäden entstehen durch hydrostatischen und hydrodynamischen Druck oder Auftrieb, was z. B. zum Aufschwimmen einer Estrichkonstruktion führen kann. An der Gebäudesubstanz können anprallende Elemente zur Zerstörung einzelner Bauteile führen. Sind diese Schädigungen so gravierend, dass die Standsicherheit eines Gebäudes gefährdet oder gar nicht mehr gegeben ist, erfolgt als letzter Schritt der Abriss eines Gebäudes. Das Ausmaß der strukturellen Schäden hängt neben der Wasserstandshöhe auch von der Fließgeschwindigkeit, der Einwirkdauer, sowie der Geschiebemenge ab. Weitere beeinflussende Parameter sind Baugrundverhältnisse, Gründungstiefe, Gewichtskraft des betroffenen Gebäudes sowie verwendete Baumaterialien und die Baukonstruktion.[61]

Abbildung 10: Aufgeschwommene Fußbodenkonstruktion[62]

Abbildung 11: Unterspülung eines Hauses[63]

Die strukturellen Schäden lassen sich je nach Schadensgrad in ein fünfstufiges Differenzierungskonzept einordnen. In Tabelle 2 ist zu sehen, dass auch die Durchfeuchtung berücksichtigt wird. Deren Anteil nimmt am Gesamtschaden jedoch mit zunehmendem Schadensgrad ab und der strukturelle Anteil nimmt zu. Die mit ★ gekennzeichneten Flächen sind das charakteristische Merkmal für den entsprechenden Schadensgrad. Die mit ✕ gekennzeichneten Bereiche stellen die beobachtete Schädigung dar, die bei entsprechendem Schadensgrad auftreten können. Schadensgrad D1 weist keinen strukturellen Schaden auf, bei Schadensgrad D2 sind keine bis leichte strukturelle Schäden sichtbar. Bei Schadensgrad

---

[61] Vgl. Weller / Fahrion / Horn et al. (2016), S. 133.

[62] BMUB (Hrsg.) (2016), S. 41.

[63] BMUB (Hrsg.) (2016), S. 40.

D3 sind moderate und bei Schadensgrad D4 schwere strukturelle Schäden erkennbar. Schadensgrad D5 ist durch einen sehr schweren strukturellen Schaden gekennzeichnet.[64]

Tabelle 2: Unterscheidung struktureller Hochwasserschadensgrade[65]

Beobachtungen	Schadensgrad				
	D1	D2	D3	D4	D5
Durchfeuchtung der Wände und der Geschossdecken	★	×	×	×	×
leichte Risse in tragenden Bauteilen		×	×	×	×
eingedrückte Türen und Fenster		×	×	×	×
Austausch von Ausbauteilen erforderlich		★	×	×	×
größere Risse oder Verformungen in Wänden und Decken			★	×	×
Setzungen			×	×	×
Einsturz von Bauteilen (Wände, Decken)				★	×
Austausch von tragenden Bauteilen erforderlich				×	
Einsturz des gesamten Gebäudes oder größerer Gebäudeteile					★
Abriss erforderlich					×

Dient das Wasser als Lösungs- oder Transportmittel von wassergefährdeten Stoffen, wie z. B. Heizöl aus aufgeschwemmten und beschädigten Heizöltanks oder Fäkalien aus Klär- und Stallanlangen, sind **Kontaminationsschäden** die Folge. Typische Schadensbilder sind Verfärbungen, starke Gerüche, Ölfilme und Korrosionserscheinungen an metallischen Bauteilen. Kommen diese Substanzen in Kontakt mit der Bausubstanz, wird diese erheblich belastet und meist so stark beschädigt, dass ein Austausch der belasteten Bauteile erforderlich ist. Bei einer Kontamination ist die Schadenshöhe zwei bis dreimal so hoch im Vergleich zu einem reinen Feuchte- und Wasserschaden.[66]

Abbildung 12: Schaden durch Kontamination[67]

---

[64] Vgl. Thieken / Seifert / Merz (Hrsg.) (2010), S. 186 f.
[65] i. A. a. Thieken / Seifert / Merz (Hrsg.) (2010), S. 188.
[66] Vgl. Weller / Fahrion / Horn et al. (2016), S. 133 f.
[67] Weller / Fahrion / Horn et al. (2016), S. 134.

Auftretende Schadensbilder und Folgen am Gebäude sind in Tabelle 3 übersichtlich darge-stellt.

Tabelle 3: Einwirkungen und daraus resultierende Schadensbilder[68]

Einwirkung	Resultierender Prozess	Auswirkung	Schadensbilder und Folgen
Hoch-wasserstand	Eindringen von Wasser ins Gebäude	Feuchte- und Wasserschaden: Vernässung	Feuchteschäden am Gebäude, Zerstörung der TGA, Schimmelbildung
Hoch-wasserstand	Statische Wasserdruckkraft auf die Gebäudehülle	Struktureller Schaden: Bruch bei Überschreitung der Belastungsansätze	Eingedrückte oder zerstörte Fenster und Türen
Hoch-wasserstand	Statische Sohlwasserdruckkraft auf die Gründungsbereiche (Kellerboden)	Struktureller Schaden: Auftreibende Kräfte	Aufschwimmen des Gebäudes, hydraulischer Grundbruch im Sohlen- und Fundamentbereich, Risse in tragenden Bauteilen, Verformungen in Wänden und Decken, Austausch von Bauteilen
Strömung	Dynamische Wasserdruckkraft auf das Gebäude	Struktureller Schaden: Mechanische Belastung durch Wasser / Schwimmstoffe	Beschädigung der Gebäudehülle
Strömung	Erosion	Struktureller Schaden: Unterspülung von Fundamenten	Unterspülte Fundamente, Setzungen, Einsturz von Bauteilen oder des gesamten Gebäudes, Abriss
Strömung	Akkumulation	Struktureller Schaden: Ablagerung mitgeführter Schwimmstoffe / Sedimente	Verschmutzung, Auflasten auf Decken
Wasser-inhaltsstoffe	Akkumulation, chemische Reaktion	Kontaminationsschaden: Ablagerung von Schadstoffen	Totalschaden durch Kontamination

---

[68] Quelle: Eigene Darstellung i. A. a. DWA (Hrsg.) (2016), S. 17.

3 Hochwasservorsorge

„Eines vorab: Eine absolute Sicherheit vor Hochwasser gibt es nicht. Insbesondere im Hinblick auf den weiter fortschreitenden Klimawandel. Jedoch kann man eine größtmögliche Schadensbegrenzung und Prävention erzielen. [...]."[69]

3.1 Öffentliche Vorsorge

Im Hochwasserrisikomanagement spielt die Hochwasservorsorge eine zentrale Rolle. Denn die wirkungsvollsten Maßnahmen zum Hochwasserschutz sind meist diejenigen, die in der Phase der Vorbeugung vorsorgend eingerichtet, vorbereitet oder durchgeführt werden. Für den übergeordneten Umgang mit Hochwasser und das Hochwasserrisikomanagement sind in Deutschland der Bund und die Länder verantwortlich. Dem Bund steht im Bereich des Wasserrechts die Gesetzgebung zu, die Länder stellen Informationen und übernehmen koordinierende Aufgaben im technischen Hochwasserschutz sowie in der Hochwasservorhersage. Konkrete Hochwasserschutzmaßnahmen werden von den Kommunen geplant und ausgeführt.[70] Zur öffentlichen Vorsorge gehört die hochwasserangepasste Flächenvorsorge, der natürliche Wasserrückhalt, der technische Hochwasserschutz sowie die Vorbereitung der Gefahrenabwehr und des Katastrophenschutzes. Eine weitere Aufgabe der Kommunen stellt auch die Öffentlichkeitsarbeit dar, um die Bürger über ihr Hochwasserrisiko aufzuklären sowie das Thema Hochwasser dauerhaft aktuell zu halten.[71]

Im Rahmen der **Öffentlichkeitsarbeit** und der Umsetzung der EG-Hochwasserrisikomanagement-Richtlinie (HWRM-RL) wurden von den Bundesländern und den Kommunen **Hochwassergefahrenkarten** und darauf aufbauend **Hochwasserrisikokarten** erstellt. Die Hochwassergefahrenkarten bilden für Kommunen die Grundlage für Maßnahmen der Gefahrenabwehr und des Katastrophenschutzes, sowie für Bürgerinnen und Bürger eine Informationsgrundlage zur Planung oder Optimierung von Schutzmaßnahmen und der Verhaltensvorsorge. In ihnen sind die Überschwemmungsflächen und die Überflutungstiefen bei einem 10-jährlichen (HQ_{10}), einem 50-jährlichen (HQ_{50}), einem 100-jährlichen (HQ_{100}) und einem extremen Hochwasser (HQ_{extrem}) für 11.000 km Gewässer dargestellt. Ergänzt wird dies durch die Fließgeschwindigkeit, die vor allem in steileren Regionen ein wichtiger

---

[69] HKC (Hrsg.) (2017).
[70] Vgl. UBA (Hrsg.) (2011), S. 36 ff.
[71] Vgl. Ministerium für Umwelt, Klima und Energiewirtschaft Baden-Württemberg (Hrsg.) (2017c).

Parameter zum Hochwasserschutz sein kann.[72] In Abbildung 13 ist beispielhaft dargestellt, wie solch eine Hochwassergefahrenkarte aussieht. Die Ausdehnungen des Hochwassers sind in Blautönen dargestellt, in Gelb- und Orangetönen die Überflutungstiefen.

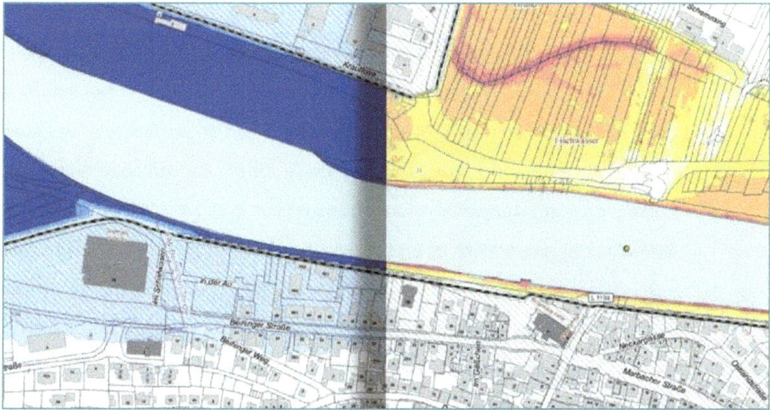

Abbildung 13: Beispielhafte Darstellung für eine Hochwassergefahrenkarte[73]

Zu jeder Hochwassergefahrenkarte gibt es eine Hochwasserrisikokarte, in der die Risiken für die menschliche Gesundheit, die Umwelt, das Kulturerbe und die wirtschaftliche Tätigkeit dargestellt sind. Darin werden die betroffenen Nutzungen flächenmäßig bilanziert und gefährdete Objekte in den Überschwemmungsgebieten konkret benannt. Anhand dieser Informationen können die Kommunen Risiken im Einzugsgebiet bewerten und den Handlungsbedarf ermitteln.[74]

In den Hochwassergefahrenkarten werden nur die Gefahren durch Flusshochwasser dargestellt. Um Risiken durch Starkregen besser einschätzen zu können, gibt es inzwischen in einigen Kommunen öffentliche Starkregengefahrenkarten. Ansonsten werden diese von Ingenieurbüros nur für die Zwecke der jeweiligen Kommune erstellt. Sie stellen die Gefahren durch Überflutung infolge starker Abflussbildung auf der Geländeoberfläche für seltene, außergewöhnliche und extreme Oberflächenabflussszenarien dar. Die Gefahrenkarten geben die maximalen Überflutungsausdehnungen, die Überflutungstiefen und die Fließgeschwindigkeiten an. Wichtige Aspekte bei der Gestaltung der Starkregengefahrenkarten sind die Darstellung von Senken, Mulden oder Hauptabflusswegen, die Kennzeichnung von

---

[72] Vgl. Ministerium für Umwelt, Klima und Energiewirtschaft Baden-Württemberg (Hrsg.) (2017c).
[73] Ministerium für Umwelt, Klima und Energiewirtschaft Baden-Württemberg (Hrsg.) (2017a).
[74] Vgl. Ministerium für Umwelt, Klima und Energiewirtschaft Baden-Württemberg (Hrsg.) (2017b).

Bereichen mit hohen Fließgeschwindigkeiten und von möglichen Abflussflächen. Daraus können die Kommunen dann ein Handlungskonzept zur Vermeidung bzw. Verminderung von starkregenbedingten Überflutungsschäden entwickeln.[75]

Die **Flächenvorsorge** bedeutet, auf Bebauungen in hochwassergefährdeten Bereichen zu verzichten. Den Kommunen stehen zur Umsetzung der Flächennutzungsplan und der Bebauungsplan zur Verfügung. Zur Flächenvorsorge werden Überschwemmungsgebiete festgesetzt, in denen gemäß § 78 Abs. 1 WHG ein Verbot zur Ausweisung neuer Baugebiete herrscht. In Einzelfällen kann eine Gemeinde für ein Bauvorhaben eine Ausnahmegenehmigung erteilen, wenn alle Voraussetzungen des § 78 Abs. 3 WHG kumulativ erfüllt sind. Grundlage für die amtlich festgesetzten Überschwemmungsflächen bilden die ermittelten HQ_{100}-Flächen aus den Hochwassergefahrenkarten. In Abbildung 14 ist dargestellt, welche Gebiete von diesem Bauverbot betroffen sind. Als Überschwemmungsgebiet gelten gem. § 76 Abs. 1 WHG grundsätzlich alle Gebiete, die bei Hochwasser eines oberirdischen Gewässers überschwemmt werden.[76]

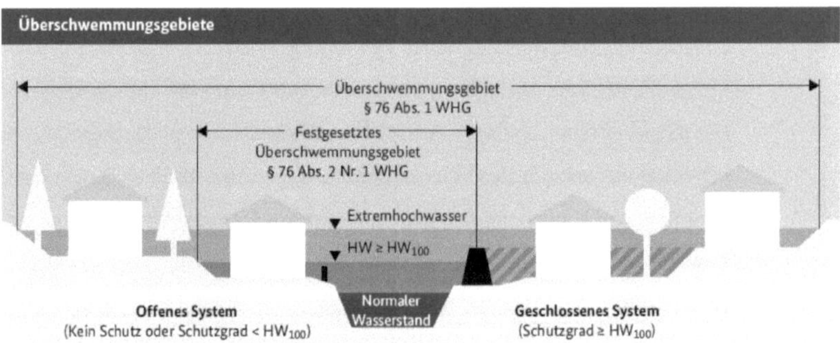

Abbildung 14: Überschwemmungsgebiete gem. WHG vom 31. Juli 2009[77]

Aus den Starkregengefahrenkarten können stark gefährdete Gebiete entnommen werden, wie z. B. Hang- oder Muldenlagen. Deshalb sollte auch dort möglichst auf eine weitere Bebauung verzichtet werden.

---

[75] Vgl. Ministerium für Umwelt, Klima und Energiewirtschaft Baden-Württemberg (Hrsg.) (2016a), S. 2 f.
[76] Vgl. WBW Fortbildungsgesellschaft für Gewässerentwicklung mbH (Hrsg.) (2015), S. 62 ff.
[77] BMUB (Hrsg.) (2016), S. 13.

Durch den **natürlichen Wasserrückhalt** soll das Wasser zum einen im freien Gelände versickern und somit von Siedlungsflächen ferngehalten werden. Zum anderen soll in den Siedlungsgebieten der Hochwasserabfluss durch geeignete Maßnahmen entschleunigt werden. Außerhalb von Siedlungs- und Verkehrsflächen kann durch eine ganzjährige Nutzung von Agrarflächen und durch bestimmte Anbau- und Bewirtschaftungsformen die Abflussmenge reduziert und der beschleunigten Hochwasserentstehung entgegengewirkt werden. Dasselbe gilt für die Renaturierung von Auenlandschaften. Denn bereits kleine, bepflanzte Uferrandzonen oder Dorfteiche reduzieren die Fließgeschwindigkeit und Steigern die Wasseraufnahmefähigkeit. Bei der Neuplanung von Wohngebieten können Retentionsbereiche als gestalterische Elemente miteingebunden werden. So können z. B. Spielplätze oder Überflutungsmulden als natürliche Rückhaltebecken des Wassers dienen. In bereits bebauten Gebieten sollte versucht werden, dicht versiegelte Flächen aufzubrechen. Parkplätze können als Versickerungsflächen genutzt werden, indem Materialien mit porösen bzw. wasserdurchlässigen Oberflächen verwendet und Grünstreifen angelegt werden. Im Zusammenhang mit der Umgestaltung von versiegelten Flächen sollte die Kommune auch das Kanalisationsnetz überprüfen und gegebenenfalls sanieren. Bei Starkregen und Sturzfluten ist eine wesentliche Ursache von Überflutungen eine Überlastung der Kanalisation und in Folge daraus der Wasserrückstau in die Häuser.[78]

Durch den **technischen Hochwasserschutz** wird Hochwasser von Schutzgütern durch großräumige Hochwasserschutzsysteme der Kommune ferngehalten. Es gibt zwei Wirkungsweisen des technischen Hochwasserschutzes, die unterschiedlich in das Abflussgeschehen eingreifen. Rückhaltemaßnahmen wie z. B. Talsperren, Rückhaltebecken, Polder oder Umleitungen reduzieren den Hochwasserabfluss, was zu einer zeitlichen Verzögerung der Hochwasserwelle führt. Diese Maßnahmen schützen hauptsächlich die Unterlieger von Gewässern. Deiche und Schutzwände hingegen verhindern lokal die Überflutung der Bereiche, die von ihnen geschützt werden, und können im Unterlauf zu einer Hochwasserverschärfung führen. Für alle technischen Hochwasserschutzeinrichtungen gilt eine Obergrenze, die Bemessungsgrenze, bis zu der sie wirken. Dazu werden die Schutzmaßnahmen auf ein bestimmtes Ereignis (z. B. HQ_{100}) bemessen und mit einem Sicherheitszuschlag, dem sogenannten Freibord, versehen. Beim Freibord wird der Wellenschlag oder der Windstau berücksichtigt und dieser variiert je nach Schutzsystem oder Bauwerkshöhe.[79]

---

[78] Vgl. BBK (Hrsg.) (2015), S. 194-212.
[79] Vgl. BMUB (Hrsg.) (2016), S. 19 f.

Zusätzlich dazu wird noch ein Klimaänderungsfaktor miteinkalkuliert, der die statistische Erhöhung der Hochwasserabflüsse berücksichtigt.[80]

Grundsätzlich können alle Schutzeinrichtungen versagen, entweder vor oder nach Überschreiten des Schutzziels. Bei einem Versagen nach Überschreiten des Schutzziels wird von einem planmäßigen Versagen gesprochen, d. h. die Schutzmaßnahmen halten bis zum Erreichen der Schutzhöhe stand und geben erst danach nach (z. B. Oberflächenerosion bei Deichen und Dämmen). Versagt das Schutzsystem bereits vor dem Erreichen des Schutzziels, kann dies zu schwerwiegenden Folgen für die geschützten Bereiche führen (z. B. plötzliche Erhöhung der Abflüsse nach Versagen von Rückhaltebecken, schwallartige Überflutung nach einem Deichbruch). Technische Hochwasserschutzeinrichtungen bieten also keinen absoluten Schutz, da sie entweder versagen können oder das Bemessungsziel z. B. durch ein Extremhochwasser überschritten wird.[81]

Ein weiterer Punkt in der öffentlichen Vorsorge bildet die **Vorbereitung in der Gefahrenabwehr und beim Katastrophenschutz.** Die Kommunen sind gesetzlich verpflichtet, sich auf mögliche Hochwasserereignisse vorzubereiten. Durch Alarm- und Einsatzpläne wird die Vorhaltung, Lagerung und der Einsatz von Materialien und Einsatzkräften geregelt. Die Notfallpläne sollten bei regelmäßigen Übungen überprüft, optimiert und dokumentiert werden, damit im Ernstfall ein planmäßiger Einsatz gewährleistet werden kann.[82]

3.2 Private Bauvorsorge

Gemäß § 5 Abs. 2 WHG ist jede einzelne Person, die durch ein Hochwasser betroffen sein kann, zur Eigenvorsorge und Schadensminderung im Ramen des Möglichen und Zumutbaren verpflichtet. Dazu muss insbesondere die Nutzung von Grundstücken so angepasst werden, dass mögliche nachteilige Folgen für Mensch, Umwelt oder Sachwerte durch Hochwasser reduziert werden.[83]

Doch neben der gesetzlichen Verpflichtung zur Eigenvorsorge sollte vor allem der Selbstschutz Motivation zur Hochwasservorsorge sein. Wie in Kapitel 3.1 erläutert, bieten technische Hochwasserschutzeinrichtungen keinen absoluten Schutz vor einer Überflutung.

---

[80] Vgl. Gebhardt (Hrsg.) (2012), S. 18.
[81] Vgl. BMUB (Hrsg.) (2016), S. 20 f.
[82] Vgl. BBK (Hrsg.) (2015), S. 217 f.
[83] Vgl. dejure.org Rechtsinformationssysteme GmbH (Hrsg.) (2009).

Außerdem kann gerade durch Starkregenereignisse prinzipiell jeder von einem Hochwasser betroffen sein. Deshalb sollte die private Hochwasservorsorge schon bei der Neuplanung eines Gebäudes berücksichtigt werden. Von dem Ausweichen aus risikoreichen Gebieten bis hin zur hochwasserangepassten Bauweise gibt es bei einem neugeplanten Objekt viele Möglichkeiten der Bauvorsorge. Bei Bestandsgebäuden hingegen kommen meist nur bauliche Objektschutzmaßnahmen in Betracht, die den Wassereintritt in das Gebäude verhindern. Nach einem Hochwasserereignis sollten betroffene Bereiche dann mit geeigneten Baustoffen gemäß Kapitel 4.2 hochwasserangepasst saniert werden.

In den folgenden Kapiteln erfolgt zuerst die die Erklärung der Hochwasserrisiko-Analyse, anhand derer Hauseigentümer ihr eigenes Hochwasserrisiko abschätzen können. Darauf folgend wird beschrieben, welche vorsorgenden Überlegungen bei der Konzeption einer Schutzstrategie getroffen werden sollten und welche Hochwasserschutzmaßnahmen allgemein sowohl im Neubau als auch im Bestand ergriffen werden können. Abschließend werden einzelne Objektschutzmaßnahmen für den Hochwasserschutz erläutert.

3.2.1 Hochwasserrisiko-Analyse bei Bestandsgebäuden

Um geeignete Schutzmaßnahmen ergreifen zu können, sollte zuerst die Ausgangslage bezüglich des Hochwasserrisikos der zu untersuchenden Immobilie bekannt sein. Die geographische Gefährdungslage kann anhand der Hochwassergefahrenkarten festgestellt werden. Da jedoch gerade bei Bestandsgebäuden an der geographischen Lage nichts mehr geändert werden kann, müssen weitere Kriterien überprüft werden, wie z. B. die Bauweise oder bereits getroffene Vorsorgemaßnahmen am Gebäude, um eine möglichst genaue Einstufung des Hochwasserrisikos zu erhalten.

Zu diesem Zweck wurde im Rahmen dieser Arbeit eine Hochwasserrisiko-Analyse (HWR-Analyse) für Bestandsgebäude erstellt. Die komplette Analyse ist in Anhang A.1.1 einzusehen. Dazu erhält der Benutzer eine Ausfüllhilfe, um mögliche Unklarheiten zu beseitigen und das Bearbeiten der HWR-Analyse zu erleichtern. Diese Ausfüllhilfe befindet sich in Anhang A.1.2. Damit die HWR-Analyse ausgewertet und praktisch angewendet werden kann, wurde ein Punktesystem ablesbar an einer Farbskala zur Bewertung und Einstufung des Hochwasserrisikos entwickelt. Die Bewertung ist in Anhang A.1.3 dargestellt.

Ziel der HWR-Analyse ist die einfache Darstellung des Hochwasser- bzw. Schadensrisikos für Hauseigentümer zur eigenen Einschätzung. Zudem soll die Analyse einen Anreiz darstellen, Schutzmaßnahmen am und außerhalb des Gebäudes zu erstellen, um das Hochwasserrisiko zu senken.

Im Folgenden wird der Aufbau der HWR-Analyse sowie die Gewichtung der einzelnen Abfragekriterien erläutert. Die Analyse untergliedert sich in vier Abschnitte. Diese sind

- Informationen zur Lage,
- Informationen zum Objekt,
- Informationen zu Vorsorgemaßnahmen,
- sowie die Risikozusammenfassung.

Die jeweiligen Bemessungsparameter müssen lediglich angekreuzt oder mit Zahlen ausgefüllt werden. So kann eine einfache Auswertung der Datengrundlage erfolgen.

Informationen zur Lage

In Kategorie A werden Daten zur geographischen und topographischen Grundstückslage abgefragt. Insgesamt können bei der Erfüllung aller Kategorie A Kriterien 90 Punkte erreicht werden. Die Beschaffenheit der Umgebung ist entscheidend für die Risikoeinschätzung einer Überflutung. An der Lage eines Bestandsgebäudes kann in der der Regel nichts geändert werden, weshalb es den kritischen Faktor in der Gefahrenbetrachtung darstellt.

In Abschnitt eins erfolgt eine Abfrage über den Standort. Im innerstädtischen Bereich ist der Anteil der Versiegelungsflächen meist sehr hoch, der Anteil der Versickerungsflächen ist dementsprechend geringer. Dies begünstigt das Überflutungsrisiko. In ländlicher Lage ist dies in der Regel umgekehrt, weshalb dort mehr Punkte erreicht werden können.

Im zweiten Abschnitt werden die direkte Umgebung und die Gegebenheiten des Grundstücks abgefragt. Sind Gewässer in unmittelbarer Nähe zum Grundstück, ist die Wahrscheinlichkeit eines Flusshochwassers sehr hoch. Dies zeigt sich mittels der Einstufung in die ZÜRS Geo-Zone bzw. anhand der Überschwemmungsflächen in den Hochwassergefahrenkarten. Die Einstufung der ZÜRS Geo-Zone ist nicht jedem Hauseigentümer bekannt und kann auch nur über die jeweilige Versicherungsgesellschaft erfragt werden. Da diese Zonen und die Überschwemmungsflächen der Gefahrenkarten aufeinander abgestimmt sind, ist eine Aussage über die Überschwemmungsfläche ausreichend. Die Auskunft darüber ist im Internet für jeden frei zugänglich. Befindet sich ein Gebäude innerhalb der

HQ$_{10}$-Überschwemmungsfläche, ist die Wahrscheinlichkeit einer Überflutung höher anzusetzen als in einem anderen HQ-Bereich, was sich negativ auf die Bewertung auswirkt.

Bezüglich Starkregenereignissen ist die topographische Lage ein wichtiges Kriterium für das Überflutungsrisiko. Kritische Lagen stellen Senken- oder Ebenenlagen dar, da sich dort Wasser sammelt bzw. nur langsam abläuft. An Hängen kann Wasser im Form von Sturzfluten eine Gefahr darstellen. Wohnlagen auf Anhöhen hingegen bergen die wenigsten Risiken. Der Abstand zwischen Geländeoberkante und Fußbodenoberkante ist ebenfalls ein wichtiges Kriterium, da bei einer geringen Eingangshöhe das Wasser schnell in das Erdgeschoss eindringen kann. Liegt eine Straße über der Geländeoberkante, kann abfließendes Wasser auf das Grundstück fließen. Ist jedoch ein Gefälle abfallend vom Gebäude bis hin zur Straße, sind Eindeichungen oder andere Wasserrückhaltemaßnahmen vorhanden oder liegt das Gebäude höher, kann Wasser von der Straße erst ab einem bestimmten Wasserstand bis hin zum Gebäude fließen. Je höher dieser Wert ist, desto mehr Punkte können erreicht werden. Kann Wasser von Nachbargrundstücken oder über Außenbereiche auf das Grundstück fließen und sich dort ansammeln, sind höhere Wasserstände und somit ein höheres Schadensausmaß möglich.

Informationen zum Objekt

In Kategorie B der Analyse werden Informationen über das zu untersuchende Objekt abgefragt. Bei der Erfüllung aller Kategorie B Kriterien können maximal 50 Punkte erreicht werden. An der Art und der Ausführung des Gebäudes kann nachträglich kaum noch etwas verändert werden. Gefahrenstellen können jedoch analysiert und anschließend beseitigt oder deren Gefährdungspotenzial vermindert werden.

Im ersten Abschnitt wird Art und Ausführung des Gebäudes abgefragt. Ist dieses freistehend, kann das Wasser von allen Gebäudeseiten in das Gebäude eindringen und es sind mehrere Gefahrenstellen gleichzeitig zu sichern. Dies reduziert sich bei einem Reihendendhaus bzw. einer Doppelhaushälfte und noch weiter bei einem Reihenmittelhaus. Wasser versucht aufgrund seiner Eigenschaften zuerst Senken oder Mulden zu füllen, bevor es in die Höhe steigt. Da Keller auch Senken darstellen, sind diese der erste Angriffspunkt von Wasser bei einer Überflutung. Ein weiteres Kriterium ist die Bauweise der Außenwände. Je nach Geschoss können dabei unterschiedliche Angaben gemacht werden. Die Bauweise wird in Bezug auf die Feuchtebeständigkeit klassifiziert. Diese ist aufsteigend vom Lehmbau bis hin zum Stahlbetonbau. Bei einem Starkregenereignis muss auch die

Dachentwässerung berücksichtigt werden. Die Dachform und die Art der Dachentwässerung sind dafür entscheidend. Auf einem Flachdach besteht die Gefahr, dass Wasser verbleibt und durch Undichtigkeiten in das Gebäude eindringt. Diese Gefahr besteht nicht bei einem Satteldach. Ist eine innenliegende Dachentwässerung vorhanden, können höhere Schadensausmaße hervorgehen als bei einer außenliegenden Entwässerung. Dementsprechend gestaltet sich die Bewertung.

In Abschnitt zwei wird die Ausstattung und die Nutzung des Objekts abgefragt. Welche Bereiche von einer Überflutung betroffen sein können, richtet sich nach dem Wert des HQ_{extrem}, da dieser Wert die maximale Überflutungstiefe des Grundstücks angibt. Bei höherwertigen Nutzungen, wie z. B. einem Wohnraum oder einem Büro, ist die Ausprägung des Schadens sowohl aufgrund der materiellen als auch aufgrund der persönlichen Beeinträchtigung in der Regel um ein vielfaches höher als bei untergeordneten Nutzungen, wie z. B. Abstell- oder Lagerräumen. Ist eine Ölheizung im Gebäude vorhanden, ist der Schadensgrad aufgrund der Kontamination um zwei bis dreimal höher im Vergleich zu einem Schaden ohne Ölverschmutzung (siehe Kapitel 2.4).

Im dritten Abschnitt wird ermittelt, welche Wassereintrittsmöglichkeiten das Gebäude hat. Dies wird für Keller-, Erd- bzw. Obergeschoss getrennt bewertet, da es in den jeweiligen Bereichen verschiedene Gefahrenstellen gibt. Wie genau eine Gefahrenstelle am untersuchten Gebäude festgestellt werden kann, ist in der dazugehörigen Ausfüllhilfe zur HWR-Analyse beschrieben.

Informationen zu Vorsorgemaßnahmen

In Kategorie C der HWR-Analyse wird abgefragt, welche Vorsorgemaßnahmen bereits ergriffen wurden bzw. vorhanden sind. Bei der Erfüllung aller Kategorie C Kriterien können insgesamt 60 Punkte erreicht werden. Bei Bestandsgebäuden steht bei der Vorsorge vor allem der Schutz von Gebäudeöffnungen im Vordergrund, da darüber die größten Effekte erzielt werden können.

Der erste Abschnitt behandelt die öffentliche Vorsorge. Ist das Gebäude durch öffentliche Hochwasserschutzeinrichtungen geschützt, reduziert sich das Überflutungsrisiko. Dennoch sind private Vorsorgemaßnahmen unbedingt notwendig, da es keinen absoluten Schutz von öffentlicher Seite geben kann.

Im zweiten Abschnitt werden Informationen über die private Vorsorge erhoben. Dieser Teil untergliedert sich in die allgemeine Bauvorsorge, Maßnahmen im Kellergeschoss und Maßnahmen im Erd- bzw. Obergeschoss. Zur allgemeinen Bauvorsorge gehört eine hochwasserangepasste Bauweise. Eine Weiße und Schwarze Wanne können bereits vorhanden sein, sie können jedoch nicht nachträglich erstellt werden. Abdichtungen außen oder innen im Gebäude können jedoch nachträglich angebracht werden. Um einen Kanalrückstau zu verhindern, sollte eine Absicherung dagegen vorhanden sein. Dabei ist eine Hebeanlage die sicherste Variante. Wird das Gebäude mit Öl beheizt, müssen Öltanks gegen Auftrieb gesichert werden. Durch eine Raumsicherung kann kein Wasser zu den Tanks gelangen, doch auch Tanksicherungen bieten bei der Verwendung geeigneter Tanks eine ausreichende Sicherung. Um das Eindringen von Wasser über undichte Hauseinführungen oder Fugen zu verhindern, müssen diese druckwasserdicht ausgeführt bzw. abgedichtet sein. Außerhalb des Gebäudes kann das Grundstück einen Schutz gegen Oberflächenwasser darstellen. Hierzu gibt es verschiedene Möglichkeiten. Im Rahmen der Analyse wurden die gängigsten Maßnahmen aufgeführt.

Im Keller- und Erd- bzw. Obergeschoss werden Vorsorgemaßnahmen an Gebäudeöffnungen abgefragt. Dazu wird zu jeder möglichen Gebäudeöffnung, durch die Wasser ins Gebäude eindringen kann, das Vorhandensein von Maßnahmen ermittelt. Die Maßnahmen werden unterteilt in permanente, vollautomatische, teilmanuelle und manuelle Systeme. Diese Begriffe werden in der Ausfüllhilfe erklärt.

Risikozusammenfassung

Abschließend erfolgt bei der HWR-Analyse die visualisierte Ausgabe des Hochwasser- bzw. Schadensrisikos zur schnellen Übersicht.

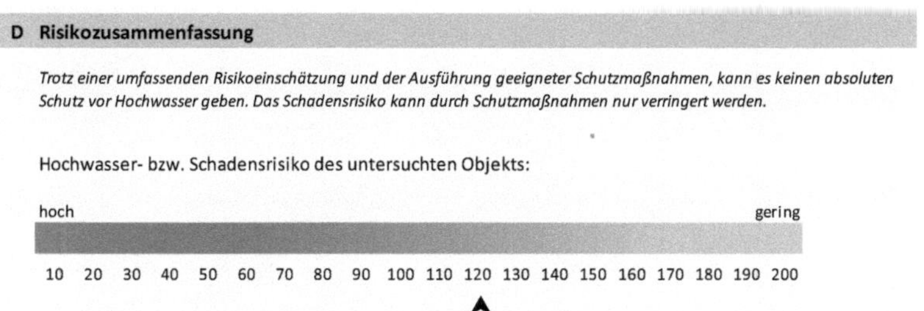

Abbildung 15: Risikozusammenfassung der Hochwasserrisiko-Analyse[84]

---

[84] Quelle: Eigene Darstellung.

Dazu gibt es eine farbige Bewertungsskala mit einer Punkteverteilung, wie in Abbildung 15 zu sehen ist. Der berechnete Wert zum vorhandenen Risiko wird nach dem Ausfüllen der HWR-Analyse automatisch angezeigt. Das Risiko wird zwischen hoch und gering eingestuft, denn trotz einer umfassenden Risikoanalyse kann es keinen absoluten Schutz vor Hochwasser geben. Die Auswirkungen können durch geeignete Maßnahmen nur verringert werden. Insgesamt können bei der HWR-Analyse theoretisch 200 Punkte erreicht werden. Da aber jedes bestehende Objekt Schwachstellen aufweist, die nicht beseitigt werden können (z. B. Lage), kann dieser Wert durch den Einsatz von Schutzmaßnahmen nur angestrebt werden. Ist eine Wassereintrittsmöglichkeit nicht vorhanden bzw. nicht betroffen, werden die Punkte der jeweiligen Vorsorgemaßnahmen bei der Gesamtbewertung automatisch hinzugerechnet, da nicht vorhandene Gefährdungsstellen auch nicht geschützt werden können. Dementsprechend verhält es sich bei der Angabe der Unterkellerung oder der Ölheizung.

3.2.2 Vorsorgende Überlegungen bei der Schutzstrategie

Im klassischen Hochwasserschutz werden die drei aufeinander aufbauenden Schutzstrategien Ausweichen, Wiederstehen und Nachgeben unterschieden.[85] Diese sind in Abbildung 16 dargestellt und werden im Folgenden kurz erläutert.

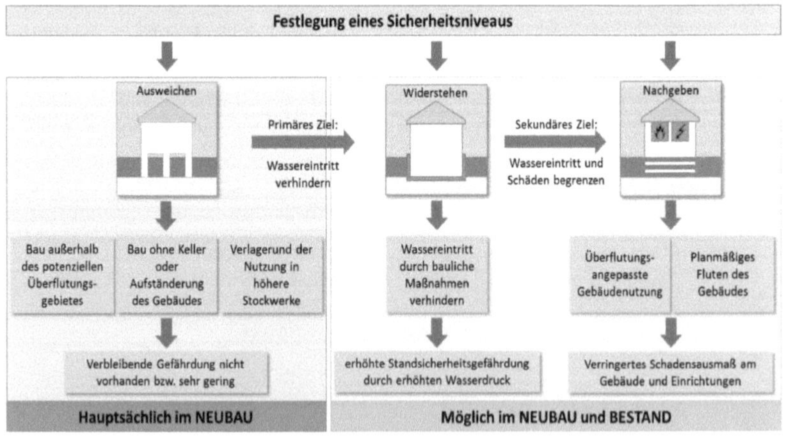

Abbildung 16: Die drei Schutzstrategien - Ausweichen, Widerstehen, Nachgeben[86]

---

[85] Vgl. BWK (Hrsg.) (2013), S. 40.

Bei der Strategie des **Ausweichens** ist das Ziel, Gebäude und Nutzungen aus Hochwasser-gefahrenbereichen herauszunehmen. Dies kann entweder räumlich oder baulich gesche-hen. Um der Hochwassergefahr räumlich zu entgehen, werden Gebäude außerhalb von hochwassergefährdeten Flächen gebaut. Auch Gebiete außerhalb von amtlich festgesetz-ten Überschwemmungsgebieten können als hochwassergefährdet angesehen werden, z. B. Talsenken. Wo sich ein Bau in Überflutungsgebieten nicht vermeiden lässt, sollte das Gebäude hochwasserangepasst geplant und gebaut werden. Dazu kann bei Neubauten auf eine Unterkellerung verzichtet werden oder das Gebäude wird aufgeständert bzw. auf einer Aufschüttung gebaut. Bei Bestandsgebäuden kann nur ein bauliches Ausweichen vorgenommen werden. Meist ist dies aber mit einer umfangreichen Sanierung verbunden. Hochwasserempfindliche Nutzungen und die technische Gebäudeausstattung werden aus hochwassergefährdeten Bereichen herausgehoben und in höhere Stockwerke verlegt.[87]

Ist ein Ausweichen aus der Gefahrenzone nicht möglich, kann die Strategie des **Wieder-stehens** verfolgt werden. Das Ziel dieser Strategie ist, das Eindringen von Wasser in das Gebäude durch technische Schutzmaßnahmen zu verhindern bzw. zu begrenzen. Die Über-flutung wird dabei sowohl durch permanente und temporäre Hochwasserschutzeinrich-tungen direkt am Gebäude (Objektschutzmaßnahmen) oder auf dem Grundstück (Deiche, Hochwassermauern etc.) verhindert. Diese Maßnahmen unterscheiden sich sehr stark hin-sichtlich ihrer Wirksamkeit, Versagensanfälligkeit und Wirtschaftlichkeit. Bei der Errichtung von Schutzeinrichtungen auf dem Grundstück muss wie bei öffentlichen Hochwasser-schutzmaßnahmen ein Bemessungshochwasserstand festgelegt werden. Dieser kann ebenfalls bei extremen Ereignissen oder durch Versagen überschritten werden. Für Be-standsgebäude ist diese Strategie meist die einzige Möglichkeit, einen wirksamen Hoch-wasserschutz zu erreichen.[88]

Die Strategie des **Nachgebens** zielt darauf ab, die Schadensumfänge eines Gebäudes bei einer Überflutung zu vermindern sowie die Nutzung schnellstmöglich und ohne großen Aufwand nach dem Hochwasserereignis wiederherzustellen. Dabei wird der Wassereintritt in ein Gebäude bewusst zugelassen, die Gebäude werden deshalb so wenig schadenanfäl-lig wie möglich errichtet und betrieben. Um größere Schäden aufgrund des hohen Was-serdrucks zu verhindern, ist ab einem bestimmten Bemessungshochwasserstand die ge-

---

[86] Quelle: Eigene Darstellung i. A. a. BWK (Hrsg.) (2013), S. 40.
[87] Vgl. DWA (Hrsg.) (2016), S. 52.
[88] Vgl. Patt / Jüpner (Hrsg.) (2013), S. 425.

zielte Flutung notwendig. Diese Strategie erfordert eine ganzheitliche Planung hinsichtlich der Verwendung wasserbeständiger oder wasserunempfindlicher Materialien sowie dem sinnvollen Konstruktionsaufbau. Des Weiteren sollten in überflutungsgefährdeten Bereichen weder höherwertige Nutzungen noch technische Gebäudeausrüstungen untergebracht werden. Bei Bestandsgebäuden können diese baulichen Maßnahmen zum Teil, bei Neubauten leicht umgesetzt werden.[89]

Bauliche Hochwasserschutzmaßnahmen richten sich nach den möglichen Gefährdungen eines Hochwassers, dem festgelegten Sicherheitsniveau sowie der ausgewählten Strategie. Alle drei Strategien sollten in einer Kombination oder als Stufenkonzept umgesetzt werden, um einen bestmöglichen Hochwasserschutz zu gewährleisten.[90]

3.2.3 Vorsorge- und Schutzmaßnahmen im Neubau und im Bestand

Eine Vielzahl an Infomaterialien beschreibt Vorschläge und Hinweise zu möglichen Vorsorge- und Schutzmaßnahmen gegen Hochwasser. Allerdings werden dabei meist nur sehr allgemeine Informationen gegeben oder nur einzelne Maßnahmen intensiver betrachtet. Deshalb wurde im Rahmen dieser Arbeit eine tabellarische Auflistung erstellt, die umfassende Informationen über Vorsorge- und Schutzmaßnahmen sowohl für den Neubau als auch für den Bestand liefert. Die gesamte Tabelle befindet sich in Anhang A.2.1 und gibt einen Überblick über folgende Themengebiete:

- allgemeine Bauvorsorge,
- Bauwerksabdichtung,
- Abdichtungs- und Schutzmaßnahmen von Gebäudeöffnungen,
- Hausdurchführungen,
- Rückstausicherung und Gebäudeentwässerung,
- Haustechnik,
- Heizöltanks,
- Dachabdichtungen und Dachdeckung,
- Schutzmaßnahmen im Außenbereich,
- sowie sonstige allgemeine Hinweise.

---

[89] Vgl. MURL (Hrsg.) (1999), S. 13.
[90] Vgl. Patt / Jüpner (Hrsg.) (2013), S. 427.

Dennoch kann auch diese Zusammenstellung keinen vollständigen Überblick geben, da viele Maßnahmen objektspezifisch angepasst werden müssen. Der jeweilige Tabellenabschnitt beschreibt zuerst allgemeine Hinweise zum entsprechenden Themengebiet und enthält Maßnahmen, die sowohl im Neubau als auch im Bestand angewendet werden können. Darunter folgt eine getrennte Beschreibung von Maßnahmen, die entweder nur im Neubau oder nur im Bestand ausgeführt werden können. Im Folgenden werden die einzelnen Abschnitte kurz erläutert.

Allgemeine Bauvorsorge

In diesem Themengebiet werden allgemeine Vorsorgemaßnahmen im und am Gebäude beschrieben. Neben möglichen Schutzmaßnahmen der Fundamente und Stützen, wird die Flutung als Strategie des Nachgebens erwähnt. Darauf folgen besondere Maßnahmen, die vor allem den Schutz der Gründungssohle und der Fundamente sowie die Strategie des Ausweichens betreffen. Bei Neubauten ist z. B. darauf zu achten, dass die Fundamentunterkante einen Meter tiefer liegt als die Erosionsbasis. Bei Bestandsgebäuden kann die Unterspülung durch nachträglich vorgesetzte Betonwände verhindert werden.[91]

Bauwerksabdichtung

Zur übersichtlichen Darstellung der Bauwerksabdichtung werden die verschiedenen Schutzmaßnahmen in Bezug auf die unterschiedlichen Lastfälle im Boden eingeteilt. Die zu beachtenden Lastfälle sind Bodenfeuchtigkeit und nichtstauendes Sickerwasser (nicht drückendes Wasser) sowie Grundwasser und aufstauendes Sickerwasser (drückendes Wasser). Bei dieser Thematik gibt es einen sehr großen Unterschied hinsichtlich der Schutzmaßnahmen im Neubau und im Bestand. Während im Neubau bereits bei der Planung Bauwerksabdichtungen z. B. in Form einer Weißen oder Schwarzen Wanne bedacht werden können, bleibt bei bestehenden Gebäuden nur die nachträgliche Gebäudeabdichtung. Diese ist in der Regel mit hohen Kosten und großem Arbeitsaufwand verbunden. Um einen bestmöglichen Abdichtungsschutz gegen nichtdrückendes Wasser zu erreichen, sollte eine vertikale Außenabdichtung in Verbindung mit einer horizontalen Abdichtung erfolgen. Eine nachträgliche Abdichtung gegen drückendes Wasser ist ein komplizierter Vorgang. Generell ist aber eine nachträgliche Abdichtung der Kellerwände einfacher zu realisieren als eine Abdichtung der Kellersohle.[92]

---

[91] Vgl. BMUB (Hrsg.) (2016), S. 28.
[92] Vgl. HAMBURG WASSER (Hrsg.) (2012), S. 22-29.

Abdichtungs- und Schutzmaßnahmen von Gebäudeöffnungen

Am umfangreichsten gestaltet sich der Abschnitt über die Abdichtungs- und Schutzmaß-namen von Gebäudeöffnungen. Hierzu sind unterschiedlichste Maßnahmen von verschie-denen Herstellern auf dem Markt und es werden ständig weitere Objektschutzmaßnah-men entwickelt. Die Auflistung untergliedert sich in permanente, vollautomatische, teil-manuelle und manuelle Schutzmaßnahmen. Permanente Schutzmaßnahmen sind stationä-re Systeme, die unmittelbar nach der Errichtung einsatzbereit sind und im Einsatzfall nicht gesondert aktiviert werden müssen. Vollautomatische Systeme sind festmontierte Schutz-einrichtungen, die sich selbsttätig aktivieren. Teilmanuelle Maßnahmen sind festmontierte Systeme, die manuell aktiviert werden müssen. Weitere Schritte sind nicht erforderlich. Bei manuellen Schutzmaßnahmen handelt es sich um mobile Systeme, die im Einsatzfall erst noch vor Ort aufgebaut und montiert werden müssen. Für dieses System sind lediglich konstruktive Vorbereitungen (z. B. Befestigungen) vorhanden, soweit diese erforderlich sind. Den einzelnen Schutzeinrichtungen werden jeweils Fenster, Türen und Tore, Licht-schächte sowie Kellerabgänge und Rampen zugeordnet und erläutert.[93]

Hausdurchführungen

Bei Hausdurchführungen ist darauf zu achten, dass diese druckwasserdicht ausgeführt werden. Dafür sollten bei einem Neubau vorgefertigte Dichtungssysteme benutzt werden, wodurch sich die Anzahl der Kernbohrungen und die Gefahr von Leckstellen reduzieren lässt. Bei Bestandsgebäuden bleibt in der Regel nur das Aufgraben von Fehlstellen und das Abdichten mittels Dichtmanschetten oder Flanschrohren.[94]

Rückstausicherung und Gebäudeentwässerung

Gegen Rückstau aus dem Kanalnetz muss sich jeder Anschlussnehmer selbst absichern. Dies ist mittels Rückstauklappen, Absperrschiebern oder Abwasserhebeanlagen möglich. Abwasserhebeanlagen bieten im Überflutungsfall einen höheren Schutz, da Rückstauklap-pen immer ein Versagensrisiko bewahren.[95] Ist eine Rückstausicherung nicht vorhanden, sind im Weiteren einfache Maßnahmen beschrieben, durch die das Absichern gegen einen Rückstau möglich ist.[96] Der beste Schutz ist aber, keine Entwässerungseinrichtungen in

---

[93] Vgl. BWK (Hrsg.) (2013), S. 41.
[94] Vgl. Suda / Rudolf-Miklau (Hrsg.) (2012), S. 338.
[95] Vgl. BBK (Hrsg.) (2015), S. 263 ff.
[96] Vgl. Suda / Rudolf-Miklau (Hrsg.) (2012), S. 269.

Bereichen unter der Rückstauebene vorzusehen bzw. diese zu entfernen.[97] Bezüglich der Gebäudeentwässerung ist für Neubauten der beste Schutz, auf eine innenliegende Entwässerung zu verzichten. Andernfalls ist auf einen ausreichend dimensionierten Notüberlauf zu achten.

Haustechnik

Bei der Haustechnik sollten, wenn möglich, Steckdosen und Lichtschalter über der Bemessungshochwassergrenze installiert werden. Wichtig ist vor allem die Installation der gesamten Haustechnik (Heizungsanlagen, Stromkasten, etc.) in höheren Stockwerken, sodass diese im Überflutungsfall nicht betroffen sind. Beide Maßnahmen sind im Bestand nur im Rahmen einer aufwändigen Sanierung möglich.[98]

Heizöltanks

Bezüglich der Heizöltanks werden in diesem Abschnitt Hinweise zur Sicherung der Heizöltanks gegeben, falls auf diese nicht verzichtet werden kann bzw. möchte. Die Sicherung kann mittels Tank- oder Raumsicherung erfolgen. Bei der Tanksicherung werden die Tanks direkt gegen Aufschwimmen oder Kippen durch Abstützungen oder mit Halterungen gesichert. Bei der Raumsicherung werden die Raumöffnungen druckwasserdicht verschlossen. Ist beides nicht möglich, hilft das Auffüllen des Tanks mit Wasser, um ein größtmögliches Eigengewicht zu erzielen.[99]

Dachabdichtungen und Dachdeckung

Im Bereich der Dachdeckung kann eine Dachbegrünung förderlich sein, um den Niederschlagsabfluss zu reduzieren und damit eine Überlastung der Regenrinnen verhindern. Bei Bestandsgebäuden ist dies nachträglich sogar bei Dächern bis zu einer Dachneigung von 45° möglich.[100]

Schutzmaßnahmen im Außenbereich

Bei der Gestaltung der Außenanlagen sind den Möglichkeiten prinzipiell keine Grenzen gesetzt. Es sollten nur einige Dinge beachtet werden, damit eine Überflutung des Grundstücks oder des Gebäudes verhindert wird. So ist zum Beispiel eine abflusshemmende Bepflanzung (z. B. Hecken) oder der Verzicht bzw. der Rückbau einer Flächenversiegelung

---

[97] Vgl. hanseWasser Bremen GmbH (Hrsg.) (2013), S. 5.
[98] Vgl. BMUB (Hrsg.) (2016), S. 36.
[99] Vgl. Suda / Rudolf-Miklau (Hrsg.) (2012), S. 262.
[100] Vgl. BBSR (Hrsg.) (2015), S. 12.

hilfreich, den Oberflächenabfluss zu begrenzen. Der weitere Abschnitt untergliedert sich in stationäre Hochwasserschutzanlagen, teilmobile und mobile Hochwasserschutzwände. Stationäre Einrichtungen umfassen Maßnahmen in der Geländegestaltung, wie z. B. das Errichten von Erddämmen oder das Schaffen von Retentionsflächen. Teilmobile Hochwasserschutzwände sind mobile Systeme mit permanenten Befestigungskonstruktionen. Zu den mobilen Hochwasserschutzwänden zählen transportable Schutzelemente, wie z. B. Sandsackdämme oder Schlauchsysteme.[101] Bei Neubauten besteht außerdem die Möglichkeit, ein Gefälle weg vom Gebäude herzustellen. Dies ist bei Grundstücken von bestehenden Gebäuden kaum bis gar nicht möglich.

<u>Sonstige allgemeine Hinweise</u>

In diesem Abschnitt werden abschließend kurze Hinweise zu Nebengebäuden, Wartungen, organisatorischen Vorsorgemaßnahmen und sonstigen wassergefährdenden Stoffen gegeben. Insbesondere die Wartung der Rückstausicherungen sollte regelmäßig vorgenommen werden, um ein Versagen im Ernstfall zu verhindern. Rückstauklappen sollten alle sechs Monate, Hebeanlagen einmal im Jahr gewartet werden.[102]

Bei einem neugeplanten Gebäude sollte versucht werden, der Hochwassergefahr durch geeignete Maßnahmen auszuweichen. Andernfalls sollten die Schutzeinrichtungen so kombiniert werden, dass ein menschliches Handeln im Überflutungsfall möglichst nicht notwendig ist, d. h. es sollte auf den Einsatz permanenter Schutzmaßnahmen zurückgegriffen werden. Diese lassen sich während eines Neubaus kostengünstig realisieren und schützen auch vor Überflutungen ohne lange Vorwarnzeiten.

3.2.4   Maßnahmenkatalog zum Objektschutz

Nachdem im vorherigen Kapitel eine umfassende Darstellung der verschiedenen Möglichkeiten zum Hochwasserschutz aufgeführt wurden, folgt nun eine konkrete Darstellung einiger Schutzmaßnahmen. Für Bestandsgebäude ist vor allem der nachträgliche Schutz von Gebäudeöffnungen anzustreben, da diese das größte Gefährdungspotenzial bezüglich Oberflächenwasser an einem Gebäude darstellen. Außerdem ist dies meist die kostengünstigste und am einfachsten umsetzbare Lösung. Eine weitere Maßnahme, die im Bestand nachträglich eingebaut werden kann, ist die Rückstausicherung. Bei Neubauten ist

---

¹⁰¹ Vgl. BMUB (Hrsg.) (2016), S. 32 f.
¹⁰² Vgl. HAMBURG WASSER (Hrsg.) (2012), S. 34.

eine Rückstausicherung verpflichtend. Maßnahmen in der Grundstücksgestaltung bieten ebenfalls Schutz gegen eindringendes Oberflächenwasser. Die Umsetzung sowie die Kosten sind jedoch objektabhängig, da jedes Grundstück andere Gegebenheiten aufweist.

In der Tabelle in Anhang A.2.2 sind die Themengebiete Haustechnik, Gebäudeöffnungen und Außenbereich aufgeführt. Die erarbeiteten Kriterien unterteilen sich in Rubrik, Schutzmaßnahme, System, Wirksamkeit, Bedarf an Reaktionszeit sowie Hinweise. Die Rubriken der Gebäudeöffnungen orientieren sich in erster Linie an den Wassereintrittsmöglichkeiten aus der HWR-Analyse. Ergänzend wurde die Rubrik Grundstücksöffnungen hinzugefügt, da viele Maßnahmen (z. B. großflächige Schutztore) dort angewendet werden können. Die jeweilige Schutzmaßnahme ist in der Auflistung bildlich dargestellt. Dabei wurden nur einzelne Maßnahmen beispielhaft aufgeführt. Viele verschiedene Hersteller bieten unterschiedlichste Hochwasserschutztechniken an, die meist objektspezifisch angepasst werden müssen, um erfolgsversprechend zu wirken.

Die einzelnen Maßnahmen werden dann wie in der HWR-Analyse in permanente, vollautomatische, teilmanuelle und manuelle Systeme eingeteilt. Die Einteilung der Wirksamkeit erfolgt in hoch, mittel und gering. Durch die Angabe eines Kostenrahmens bekommen Hausbesitzer eine Vorstellung davon, was für die jeweiligen Maßnahmen investiert werden muss. Bei der Gestaltung des Außengeländes ist dies jedoch aufgrund der objektspezifischen Gegebenheiten nicht möglich. Der Bedarf an Reaktionszeit untergliedert sich in keiner, kurz und ausgeprägt. Maßnahmen mit einem ausgeprägten Bedarf an Reaktionszeit sollten bei einem Schutz vor Starkregenereignissen nicht ausgewählt werden, da unter Umständen keine Zeit zum Reagieren bleibt. Abschließend enthält die Tabelle noch einige Hinweise zu der jeweiligen Schutzmaßnahme.

Die Ausführung der verschiedenen Objektschutzmaßnahmen könnte noch weiter und detaillierter ausgeführt werden. Die tabellarische Darstellung kann lediglich eine kleine Auswahl der Maßnahmen aufgreifen, die auf dem Markt vorhanden sind. Sie kann als Hilfestellung für Hauseigentümer dienen, die sich mit dem Thema Hochwasserschutz neu befassen und einen schnellen Überblick über mögliche Maßnahmen haben wollen. Letztendlich muss jeder Immobilieneigentümer selbst entscheiden, welche Kriterien für ihn bei der Auswahl der geeigneten Schutzmaßnahmen entscheidend sind.

3.3 Private verhaltenswirksame Vorsorge

Ein erlebtes Hochwasserereignis hinterlässt neben Sachschäden an Objekten vor allem psychische und körperliche Beschwerden bei den Betroffenen.[103] Damit während eines Hochwasserereignisses richtig gehandelt werden kann und anschließend die richtigen Schritte in die Wege geleitet werden, müssen präventiv verhaltenswirksame Maßnahmen ergriffen werden. Neben der bereits beschriebenen Bauvorsorge gehört deshalb zur Eigenvorsorge die umfassende Information über das eigene Hochwasserrisiko, die Vorbereitung für das richtige Handeln im Überflutungsfall sowie eine entsprechende Versicherung, die bei einem Hochwasserschaden greift.

Als **Informationsvorsorge** wird im Hochwasserrisikomanagement der Bereich der Informationsbereitstellung, Vorhersage und Warnung bezeichnet. Wie in Kapitel 3.1 bereits beschrieben, ist die Informationsbereitstellung zur Einschätzung des Hochwasserrisikos Aufgabe der Kommunen. Dies bedeutet aber auch, dass die Bürger und Bürgerinnen diese Informationen eigenverantwortlich nutzen und sich selbst über die spezifische Gefährdungslage informieren müssen. Dies ist anhand der Hochwasser- und Starkregengefahrenkarten möglich.[104] Auch diverse Institutionen geben Auskunft über mögliche Hochwasserrisiken und informieren umfangreich z. B. über mögliche Schutzmaßnahmen oder Notfallpläne für den Ernstfall.

Durch die Vorhersage und die Warnung werden Betroffene über eine bevorstehende Gefahr und gegebenenfalls über die möglichen Auswirkungen informiert. Dies geschieht entweder durch Warnungen im Radio oder auf Internetportalen, wie z. B. die der Hochwasserzentrale, oder Apps lösen einen Alarm aus. Dadurch können Betroffene rechtzeitig ihre Schutzmaßnahmen einleiten und der Katastrophenschutz wird aktiviert. Für Flusshochwasser sind oftmals Warnsysteme installiert, die ab einem bestimmten Pegel reagieren und Informationen weiterleiten. Bei Sturzfluten gestaltet sich die Warnung hingegen schwierig aufgrund der ungenauen und schwer einschätzbaren Lage des Starkregenereignisses. Hierzu können aber Wettervorhersagen und Unwetterwarnungen beobachtet und eventuell präventiv Maßnahmen ergriffen werden.[105]

---

[103] Vgl. GDV (Hrsg.) (2016), S. 30.
[104] Vgl. BBK (Hrsg.) (2015), S. 249.
[105] Vgl. BWK (Hrsg.) (2013), S. 46.

Die **Verhaltensvorsorge** umschreibt die Zeit zwischen der Warnung, d. h. ab dem Anlaufen der Hochwasserwelle, und dem Eintreffen der Hochwasserwelle am Überflutungsort. Diese Zeit sollte zum Ergreifen von Schutzmaßnahmen genutzt werden, damit möglichst wenig Schäden aus dem Hochwasser resultieren. Bei der Verhaltensvorsorge eines Hochwasserereignisses stellt die Vorwarnzeit einen entscheidenden Unterschied zwischen einem Flusshochwasser und einer Sturzflut dar. Im Falle eines Flusshochwassers ist in der Regel ausreichend Zeit vorhanden, um einen zuvor erstellten Notfallplan abzuarbeiten und die Gefahr abzuwehren. Bei einer Sturzflut hingegen ist die Vorwarnzeit oft so gering, dass Schutzmaßnahmen nicht mehr rechtzeitig durchgeführt werden können.[106] Deshalb hängen die Informationsvorsorge und die Verhaltensvorsorge unmittelbar zusammen und müssen gemeinsam unterhalten werden.

Wie im oberen Abschnitt bereits erwähnt, sollte vor einem Hochwasserereignis ein Notfallplan für den Ernstfall erarbeitet werden. Denn im Falle eines Hochwassers bleibt oft keine Zeit mehr, um sich über wichtige Maßnahmen Gedanken zu machen und viele Menschen handeln dann unüberlegt. Der Notfallplan beschreibt die beste Vorgehensweise für den Katastrophenfall und sollte dementsprechend abgearbeitet werden. So wird verhindert, dass unersetzbare Werte (Memorabilia, wichtige Dokumente) vom Wasser zerstört werden, wohingegen materielle Dinge zuvor ausgeräumt wurden.[107] Auch für den Fall einer Sturzflut sollte es provisorisch einen Notfallplan geben, der jederzeit verwendet werden kann, um noch kurzfristig die wichtigsten vorsorgenden Schritte einzuleiten.[108]

Zur Durchführung eines Notfallplans ist es wichtig, dass alle Hausbewohner über die Maßnahmen Bescheid wissen. Regelmäßige Besprechungen oder Übungen helfen, diesen gegebenenfalls praxisgerecht zu optimieren und anzupassen. Für einen solchen Notfallplan sollte auch die Nachbarschaftshilfe in Anspruch genommen werden, damit z. B. Vertretungen während eines Urlaubs festgelegt werden. Zur Nachbarschaftshilfe gehört aber auch die Informationsweitergabe sowohl vor als auch während eines Hochwasserereignisses. Des Weiteren gehört zur Verhaltensvorsorge auch das Zusammenstellen einer Hochwasserausrüstung, wie z. B. eine Pumpe oder ein Notstromaggregat. Größere Anschaffungen können im Rahmen der Nachbarschaftshilfe getätigt werden.[109]

---

[106] Vgl. Patt / Jüpner (Hrsg.) (2013), S. 8.
[107] Vgl. BMUB (Hrsg.) (2016), S. 52.
[108] Vgl. BBK (Hrsg.) (2015), S. 285.
[109] Vgl. BMUB (Hrsg.) (2016), S. 51.

Durch die **Risikovorsorge** wird im Rahmen einer finanziellen Eigenvorsorge der mögliche monetäre Gebäudeschaden durch ein Überflutungsereignis abgedeckt. Dies kann entweder durch die Bildung von Rücklagen oder durch den Abschluss einer risikogerechten Versicherung erfolgen. Bei der Variante der Versicherung ist von einer erweiterten Elementarschadenversicherung die Rede. Durch diese sind Sachschäden in Folge von Naturereignissen versichert und sie muss zusätzlich zur regulären Wohngebäude- oder Hausratversicherung abgeschlossen werden.[110]

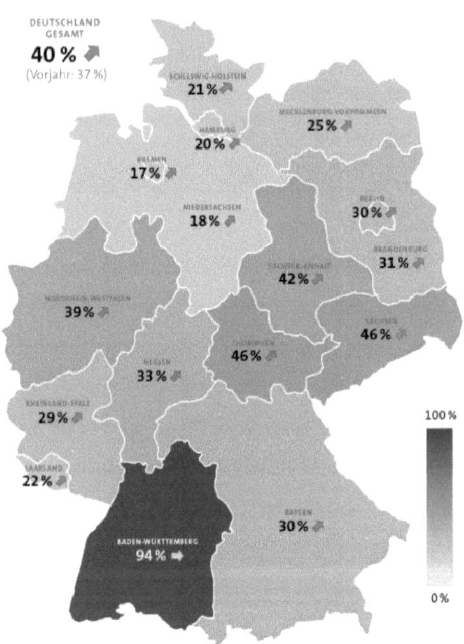

Abbildung 17: Verteilung der Elementarschadenversicherung in Deutschland 2017[111]

Die überwiegende Mehrheit der Hausbesitzer glaubt, dass sie gegen Elementarschäden versichert sind. In Deutschland sind derzeit jedoch lediglich 40 % der Gebäude gegen Elementarschäden abgesichert. Deshalb muss noch mehr Aufklärungsarbeit von Seiten der Versicherungsunternehmen über die Notwendigkeit einer Elementarschadenversicherung stattfinden. Abbildung 17 zeigt, dass der Anteil der versicherten Gebäude in den einzelnen Bundesländern sehr unterschiedlich ausfällt, vor allem in Baden-Württemberg ist die Versicherungsdichte sehr hoch. Grund dafür ist die frühere Pflichtversicherung gegen Elemen-

---

[110] Vgl. UBA (Hrsg.) (2011), S. 56.
[111] GDV (Hrsg.) (2017).

tarschäden, die im Jahre 1994 abgeschafft wurde. Auch in den Bundesländern der ehemaligen DDR gab es eine staatliche Gebäudemonopolversicherung, weshalb der Anteil dort im Schnitt etwas höher liegt.[112]

Damit die Versicherungsunternehmen eine Aussage treffen können, ob und zu welchem Tarif bei einem Gebäude das Elementarschadensrisiko übernommen wird, hat der Gesamtverband der Deutschen Versicherungswirtschaft (GDV) das Zonierungssystem für Überschwemmung, Rückstau und Starkregen „ZÜRS Geo" entwickelt. Das System beinhaltet die Daten von 21 Mio. Adressen sowie 225.000 Flusskilometern und nutzt seit 2016 auch die Hochwassergefahrenkarten der Länder zur Auswertung des Hochwasserrisikos. ZÜRS Geo unterscheidet vier Gefährdungsklassen (GK), denen die zu versichernden Gebäude je nach Überschwemmungsrisiko zugeordnet werden. Gebäude in GK 1 werden statistisch gesehen seltener als einmal in 200 Jahren überflutet, Gebäude in GK 2 einmal alle 100 bis 200 Jahre, Gebäude in GK 3 einmal in 10 bis 100 Jahren und in GK 4 mindestens einmal alle 10 Jahre. GK 4 stellt somit die höchste Gefährdungsklasse dar.[113]

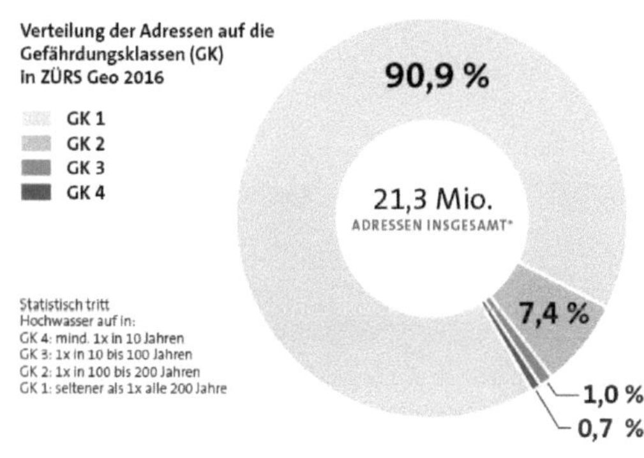

Abbildung 18: Verteilung der versicherten Gebäude auf die Gefährdungsklassen 2016[114]

Wie die Zuordnung zu den jeweiligen Gefährdungsklassen in Deutschland derzeit aussieht, ist in Abbildung 18 dargestellt. Nur ein geringer Anteil von 0,7 % liegt in der höchsten Gefährdungsklasse und bedarf einer besonderen Risikoeinschätzung, 99,3 % können mit Standard-Versicherungsprodukten gegen Hochwasser geschützt werden.

---

[112] Vgl. GDV (Hrsg.) (2017).
[113] Vgl. GDV (Hrsg.) (2016a).
[114] GDV (Hrsg.) (2016a).

Insgesamt lassen sich 99 % aller Gebäude in Deutschland gegen Überschwemmungen und Starkregen versichern. Die verbleibenden, besonders gefährdeten Häuser können fast alle mit höheren Selbstbehalten oder nach individuellen baulichen Schutzmaßnahmen versichert werden. Durch bauliche Schutzmaßnahmen ist es sogar möglich, trotz der topographischen und geographischen Lage des betreffenden Grundstücks in eine niedrigere Gefährdungsklasse eingestuft zu werden. Dadurch verringern sich der Selbstbehalt sowie die monatliche oder jährliche Prämie. Die private Bauvorsorge stellt demnach einen besonderen Anreiz für Versicherungsnehmer dar.[115]

---

[115] Vgl. GDV (Hrsg.) (2016b).

4 Hochwassernachsorge

„Das Auftreten von Schäden ist meist unvermeidbar. Durch richtiges Verhalten und entsprechendes Handeln lassen sie sich aber minimieren. Die Reaktion beginnt mit der Vorwarnung, erreicht im Krisenmanagement den Höhepunkt und geht nahtlos in den Wiederaufbau über."[116]

4.1 Bewältigung eines Hochwasserereignisses

Die Bewältigung eines Hochwassers beginnt mit dem Eintreffen der Hochwasserwelle. Die Hauptaufgabe während der Bewältigungsphase liegt in der **Gefahrenabwehr**. Dies geschieht sinnvollerweise durch präventiv getroffene Maßnahmen und Entscheidungen.[117] Zu den weiteren Maßnahmen der Abwehr zählen der Einsatz von mobilen Schutzmaßnahmen oder Sandsäcken sowie die Überwachung und Instandsetzung von technischen Schutzeinrichtungen.[118] Ist die Gebäudestandsicherheit durch Auftrieb oder Wasserdruck gefährdet, kann ein Gebäude während eines Hochwasserereignisses geflutet werden. Der dadurch aufgebaute Gegendruck im Gebäudeinneren reduziert die von außen auf das Gebäude wirkenden Kräfte. Außerdem lassen sich durch die Flutung mit sauberem Wasser Folgeschäden durch Schmutz oder Schadstoffe reduzieren. Eine Auflast kann auch durch andere Flächenlasten erzeugt werden, wie z. B. mit Sandsäcken.[119]

Ein weiterer wichtiger Aspekt ist die **Hilfe für Betroffene** und deren Betreuung durch entsprechende Einsatzkräfte, wie z. B. die Feuerwehr, das Technische Hilfswerk, das Deutsche Rote Kreuz oder freiwillige Helfer. Die Einsatzkräfte übernehmen die Versorgung mit Lebensnotwendigem (Lebensmittel, ärztliche Versorgung etc.), stellen technische Hilfeleistungen (Auspumpen von Gebäuden, Bootseinsatz etc.) zur Verfügung und sichern besondere lebenswichtige Einrichtungen (z. B. Krankenhäuser).[120]

Zum Selbstschutz ist es wichtig, dass sich Betroffene während des Hochwasserereignis an einige wichtige **Verhaltensregeln** halten. Dabei ist zu beachten, dass der Schutz von Menschen oberste Priorität hat, erst danach können Sachwerte gerettet werden. Während des Hochwasserereignisses sollten überflutete Bereiche gemieden werden, da die Gefahr nicht

---

[116] Munich Re (Hrsg.) (2017), S. 12.
[117] Vgl. BBK (Hrsg.) (2015), S. 285.
[118] Vgl. DWA (Hrsg.) (2016), S. 26.
[119] Vgl. BMUB (Hrsg.) (2016), S. 27.
[120] Vgl. DWA (Hrsg.) (2016), S. 26.

abgeschätzt werden kann. Ein Hochwasser fließt oft mit hohen Geschwindigkeiten, Bauteile könnten nicht mehr standsicher sein (z. B. Treppen) oder es besteht die Gefahr des Ertrinkens (z. B. in Kellern oder Tiefgaragen). Generell sollte der Kontakt mit Wasser vermieden werden, da dies möglicherweise kontaminiert ist.[121] Aktuelle Lageberichte können während einer Überschwemmung mittels Radio, Fernsehgeräten, PC oder Mobiltelefonen abgerufen werden. Da jedoch die Stromversorgung und Mobilfunknetzte ausfallen können, ist ein batteriebetriebenes Informationsgerät ratsam.[122]

Für die spätere Auf- und Nachbearbeitung des Hochwasserereignisses ist eine **Dokumentation** der Maßnahmen und Ereignisse durch Fotos oder per Video noch während der Hochwasserbewältigung sinnvoll.[123]

4.2 Schadensbeseitigung und nachhaltiger Wiederaufbau

Mit dem Ablaufen der Hochwasserwelle beginnt die Phase des Aufräumens, der Schadensbeseitigung und des Wiederaufbaus. Die Phase beginnt mit der **Ereignisanalyse**, d. h. mit der Erfassung und Bewertung der aufgetretenen Schäden. Dazu wird die Dokumentation aus der Bewältigungsphase fortgeführt und durch eine Auflistung der geschädigten Gegenstände erweitert. Im und am Gebäude sollte der Hochwasserstand markiert werden. Außerdem sollte zu diesem Zeitpunkt die Versicherung eingeschaltet werden, um die Schadensregulierung abzuklären.[124]

Sobald das Hochwasser abgelaufen ist, kann mit der **Schadensbeseitigung** begonnen werden. Dazu wird als Erstes das Gebäude ausgepumpt, womit erst nach Ablauf der Hochwasserwelle begonnen werden sollte, um Auftriebsschäden zu vermeiden. Anschließend kann das Gebäude ausgeräumt und von Schlammablagerungen befreit werden. Bei einem Kontaminationsschaden sollten umgehend Putz und andere Wand- oder Deckenbekleidungen entfernt werden.[125] Sind Bauteile massiv kontaminiert, müssen diese nach vorheriger Abstimmung mit der Versicherung ausgebaut werden. Bei strukturellen Schäden muss zuerst die Standsicherheit des Gebäudes von einem Statiker geprüft werden, damit bei der Instandsetzung keine Personen geschädigt werden.

---

[121] WBW Fortbildungsgesellschaft für Gewässerentwicklung mbH (Hrsg.) (2014), S. 2.
[122] Vgl. Patt / Jüpner (Hrsg.) (2013), S. 577.
[123] Vgl. DWA (Hrsg.) (2016), S. 26.
[124] Vgl. BMUB (Hrsg.) (2016), S. 53.
[125] Vgl. BMUB (Hrsg.) (2016), S. 53.

Daraufhin erfolgt die zeitnahe Trocknung von nassen Bauteilen. Bei mehrschichtigen Bauteilen müssen meist außenliegende Schichten demontiert werden. In porösen Bauteilen können Hohlräume mit Wasser gefüllt sein. Eine Trocknung dauert mit speziellen Trocknungsgeräte mehre Wochen und es bedarf einer guten Durchlüftung des Gebäudes.[126]

Ist der Trocknungsprozess abgeschlossen, erfolgt der nachhaltige **Wiederaufbau** der geschädigten Bereiche. In diesem Sinne sollte die bisherige Konstruktionsweise bezüglich der Hochwasserbeständigkeit hinterfragt werden, da andere Konstruktionsweisen oder Materialien gegebenenfalls weniger schadensanfällig sind.[127]

<u>Baustoffe</u>

Baustoffe werden im Falle eines Hochwassers durch eine intensive Feuchte von unterschiedlicher Dauer beansprucht. Je nach Herstellungs- und Verarbeitungsprozess, den Materialeigenschaften und dem Verwendungszweck im Gebäude weisen Baustoffe unterschiedliche Wasseraufnahme-, Wassertransport- und Wasserspeicherungseigenschaften auf. Die Schadensanfälligkeit der einzelnen Baustoffe wird im Überflutungsfall von ihren spezifischen Eigenschaften bestimmt. Wie hoch die Verletzbarkeit typischer Baustoffe und Baukonstruktionen durch die Hochwassereinwirkung ist, lässt sich anhand verschiedener Kriterien beurteilen.[128] Diese sind

- die Beständigkeit der Baustoffe hinsichtlich ihrer Festigkeitseigenschaften,
- die Form- und Volumenveränderung nach einer Hochwassereinwirkung,
- die Widerstandsfähigkeit gegenüber Pilzbefall oder tierischem Schädlingsbefall infolge langfristig hoher Durchfeuchtung,
- die Widerstandsfähigkeit gegenüber Frostschäden oder Korrosionserscheinungen als flutbedingte sekundäre Schadensmechanismen,
- die Eignung zur natürlichen oder technischen Bautrocknung vor Ort einschließlich der erforderlichen Trocknungsdauer,
- sowie der Widerstand gegenüber Kontaminationen im Flutwasser.[129]

Aus der Beurteilung dieser Kriterien lässt sich ableiten, ob ein Baustoff für eine hochwasserangepasste Konstruktionsweise in Frage kommt und inwieweit ein Baustoff nach einem

---

[126] Vgl. BMUB (Hrsg.) (2016), S. 53 f.
[127] Vgl. BMUB (Hrsg.) (2016), S. 54.
[128] Vgl. BMUB (Hrsg.) (2016), S. 41.
[129] Vgl. DWA (Hrsg.) (2016), S. 62.

Hochwasserereignis wiederverwendet werden kann. Darüber hinaus können noch weitere Schadensmechanismen wirksam sein. Dazu gehört unter anderem der Transport gelöster Schadsalze innerhalb des Bauteils, die Salzausblühungen oder Putzabplatzungen auf belasteten Bauteiloberflächen verursachen können. Des Weiteren wird durch die hohe Feuchtebelastung die Wärmeleitfähigkeit von Baustoffen vergrößert, was wiederum zu einem Verlust der Dämmeigenschaften führt. Sind Gebäude noch nicht hinreichend ausgetrocknet, besteht dort ein erhöhtes Risiko z. B. durch Schimmelpilze oder Korrosion.[130]

Zu den **ungeeigneten Baumaterialien** im Überflutungsfall gehören Baustoffe auf Gipsbasis (Calciumsulfatestriche, Gipsputze, Gipsfaserplatten etc.) sowie Holzwerkstoffe wie Span- oder OSB-Platten, Parkett oder Holzweichfaserplatten. Diese erleiden bei einer Überflutung irreversible Quellverformungen und müssen in der Regel ausgetauscht werden.[131]

Bedingt geeignete Baumaterialien im Überflutungsfall stellen Baustoffe aus Holz (Balken, Bretter etc.) dar. Nach einer Durchfeuchtung müssen die Bauteile umgehend freigelegt und fachmännisch getrocknet werden, um einen Befall durch pflanzliche oder tierische Schädlinge zu verhindern.[132] Lehmbaustoffe weisen ein plastisches Verhalten auf und sind somit je nach Einwirkzeit des Wassers nur bedingt geeignet.

Baustoffe auf Kalkbasis wie Mörtel, Putze oder Kalksandsteine nehmen Wasser grundsätzlich nur langsam auf und gehören somit zu den **gut geeigneten Baumaterialien** im Überflutungsfall. Bei langer Einwirkdauer stellen sich dennoch sehr hohe Wassergehalte im Baustoff ein. Ähnlich verhält sich der Porenbeton. Weiterhin gut einsetzbar sind Baustoffe aus Zementbasis (Beton, Mörtel, Putze, Estriche etc.) da diese durch eine Steuerung der Porenstruktur zu wasserabweisenden Baustoffen verarbeitet werden können. Auch gebrannte Baustoffe (Ziegel, Klinker, Steinzeugwaren, Wand- und Bodenfliesen etc.) sind im Überflutungsfall gut geeignet, da sich ihre Festigkeitseigenschaften durch eine Hochwasserbeanspruch nicht verändert. Homogene Baumaterialien aus Metall und Glas (auch geschäumtes Glas) weisen sich durch eine geringe Wasseraufnahme und gute Trocknungseigenschaften aus. Sie sind somit gut geeignet im Überflutungsfall, es können jedoch spezifische Instandsetzungsmaßnahmen erforderlich sein, wie etwa die Wiederherstellung des Korrosionsschutzes.[133]

---

[130] Vgl. BMUB (Hrsg.) (2016), S. 41.
[131] Vgl. Fischer / Dosch (2014), S. 4 f.
[132] Vgl. DWA (Hrsg.) (2016), S. 63.
[133] Vgl. BMUB (Hrsg.) (2016), S. 42-45.

<u>Baukonstruktionen</u>

Um den vielfältigen Nutzungsansprüchen an Wand-, Decken- oder Fußbodenkonstruktionen gerecht zu werden, sind diese meist mehrschichtig oder mehrschalig ausgebildet. Deshalb müssen alle Schichten verschiedener Baustoffe hinsichtlich ihrer Schadensmechanismen und Schadensintensitäten betrachtet werden. Nur durch eine abgestimmte Materialwahl und deren Integration in die Schichtenfolge typischer Baukonstruktionen kann das Gebäude entsprechend der Anforderungen an ein Hochwasser angepasst werden.[134]

Für **Außenwände** gelten homogene Wandkonstruktionen ohne organische Baustoffe als besonders resistent gegenüber Hochwassereinwirkungen. Gut geeignete Rohbauwandstoffe sind jegliche Stahlbetonkonstruktionen (ausgenommen Sandwich-Elemente mit Kerndämmung), Mauerwerk aus keramischen oder mineralisch gebundenen Mauersteinen von hinreichender Rohdichte oder bei historischen Gebäuden auch einschaliges Natursteinmauerwerk. Da diese jedoch in der Regel nicht den energetischen Anforderungen genügen, werden die Wandquerschnitte durch einen erhöhten Porenanteil im Baustoff oder mit einer zusätzlichen Wärmedämmung verbessert.[135] Die Erhöhung des Porenanteils bewirkt einen hohen Feuchtegehalt im Mauerwerk, bei Hohlräumen (z. B. Hochlochziegeln) werden im Überflutungsfall die Kammern gefüllt, was zu längeren Trocknungszeiten führt.[136]

Die **Wärmedämmung** stellt ein Problemfeld dar, da zahlreiche Dämmstoffarten wie Mineralwolle, Mineralfaserdämmstoffe, Holzweichfaserplatten, Zelluloseflocken (Einblasdämmung) oder pflanzliche Faserdämmstoffe ihre Formstabilität verlieren und ausgetauscht werden müssen. Auch Expandierte Polystyrol-Hartschaumplatten (EPS) und Polyurethan-Hartschaumplatten (PUR) können unter einer intensiven Wassereinwirkung eine starke Feuchtebelastung erfahren. Unempfindlich gegen Wasser sind jedoch Extrudierte Polystyrol-Hartschaumplatten (XPS) und Dämmplatten aus Schaumglas.[137] Ein Wärmedämm-Verbundsystem (WDVS) kann bei bestimmten Dämmstoffen zwar rückgetrocknet werden, zur besseren Austrocknung der dahinterliegenden Konstruktion ist jedoch ein Rückbau des betroffenen WDVS sinnvoll. Eine Kerndämmung muss auf Durchfeuchtungsschäden überprüft werden und je nach Konstruktion kann die Dämmung mithilfe technischer Trockner

---

[134] Vgl. BMUB (Hrsg.) (2016), S. 45.
[135] Vgl. DWA (Hrsg.) (2016), S. 65.
[136] Vgl. DWA (Hrsg.) (2016), S. 66.
[137] Vgl. BMUB (Hrsg.) (2016), S. 44.

wieder brauchbar gemacht werden. Vorteilhafter ist die Anbringung einer nicht verklebten Wärmedämmung als eine Art Opferschicht hinter einer leicht demontierbaren Außenwandbekleidung (z. B. Vorhangfassaden) oder die Planung einer systematischen Bauteilfuge zum schnellen Rückbau.[138] Der Hochwasser- und der Wärmeschutz stellen bauphysikalisch Konfliktpunkte dar. Für den Hochwasserschutz gelten andere Kriterien (dichte Materialien, keine Öffnungen) als für den Wärmeschutz (z. B. gute Wasserdampfdiffusion, gute Wärmedämmwirkung). Deshalb sind verschiedene Kriterien, wie z. B. der maximale Hochwasserstand, die Hochwasserwahrscheinlichkeit, die Anforderungen an die Energieeinsparung oder der Reparaturaufwand des Systems gegeneinander abzuwiegen.[139]

Eine **Deckenkonstruktion** besteht in der Regel aus der Rohdecke, dem Fußbodenaufbau mit Trittschall- und Wärmedämmung und gegebenenfalls technischen Installationen (z. B. Fußbodenheizung). Bei hochwassergefährdeten Rohdecken sind homogene Stahlbetondecken grundsätzlich besser geeignet als Holzkonstruktionen, da durchfeuchtete Holzdecken einem hohen Befallrisiko durch Holzschädlinge ausgesetzt sind. Bei den Estrichkonstruktionen eignen sich Gussasphalt-, Beton- oder Zementestriche für gefährdete Gebäude besser als quellfähige Anhydritestriche, Calciumsulfatestriche oder Trockenestrichlösungen. Grundsätzlich ist ein Verbundestrich besser geeignet als eine schwimmende Konstruktion, da beim Verbundestrich weder Fugen vorhanden sind, durch die das Wasser dringen kann, noch eine Wärmedämmschicht geschädigt werden kann. Außerdem neigen schwimmende Estriche bei nicht fachgerechter Dimensionierung zum Aufschwimmen. Allerdings ist der Verwendungseinsatz aufgrund der energetischen Anforderungen auf Räume mit geringfügiger Nutzung beschränkt. Verschiedene Wärmedämmstoffe in der Schichtenfolge weisen in der Regel hohe Schädigungsgrade auf (siehe Abschnitt Dämmungen). Meist ist dann ein gezielter Rückbau wirtschaftlicher als das technische aufwändige Trocknen einzelner Schichten. Eine geeignete Lösung für die Wärmedämmschicht stellt eine Schaumglasdämmschicht mit einem Gussasphaltestrich dar. Darüber hinaus ist die Fußbodenkonstruktion gegen Aufschwimmen abzusichern.[140]

In Tabelle 4 sind die verschiedenen Baustoffe und Ausführungsformen hinsichtlich ihrer Widerstandsfähigkeit gegen Wassereinwirkungen übersichtlich dargestellt. Damit kann auf einen Blick festgestellt werden, welche Baumaterialien für welche Bauteile geeignet sind

---

[138] Vgl. Weller / Fahrion / Horn et al. (2016), S. 162-165.
[139] Vgl. BMUB (Hrsg.) (2016), S. 44-47.
[140] Vgl. DWA (Hrsg.) (2016), S. 67 ff.

und welche für das hochwasserangepasste Bauen mäßig bis gar nicht geeignet sind. Grundsätzlich ist immer darauf zu achten, dass das Gebäude abgedichtet ist und Fugen oder Wandanschlüsse wasserundurchlässig ausgebildet werden.

Tabelle 4: Hochwasserbeständige (Bau-) Materialien[141]

Gewerk	Baustoff oder Ausführungsform	Widerstandsfähigkeit gegen Wassereinwirkung
Baustoffe	Schüttmaterial, Erde	◐
	Kalk	●
	Gips	○
	Zement	●
	gebrannte Baustoffe (je nach Art)	● ◐
	Lehm (je nach Einwirkzeit)	● ◐ ○
	Steinzeugwaren	● ◐
	Bitumen (Anstrich und Bahnen)	●
	Metalle (je nach Art)	● ◐
	Kunststoffe (ja nach Art)	● ◐ ○
	Holz (je nach Art)	◐ ○
	Textilien	○
	saugende Materialien	○
Bodenplatte	wasserundurchlässiger Beton	●
Bodenaufbau	Estrich (Zement, Beton, Gussasphalt)	●
	Estrich (Calciumsulfat, Anhydrit, Trockenestrich)	◐○
	Holzbalken	◐
Bodenbelag	Naturstein (Granit, Dolomit)	●
	Sandstein	○
	Marmor	○
	Kunststein	●
	Fliesen (je nach Art)	● ◐
	Epoxydharzoberflächen	●
	Parkett/Laminat	○
	Holzpflaster	○
	Massivholz	○
	Kork	○
	textile Beläge (Teppich, Teppichboden)	○
	Linoleum	○
Wände	Kalksandsteine	●
	gebrannte Vollziegel	●
	Hochlochziegel	◐
	Klinker	●

---

[141] i. A. a. WBW Fortbildungsgesellschaft für Gewässerentwicklung mbH (Hrsg.) (2015), S. 52 f.

Kategorie	Material		
	Beton	●	
	Porenbeton	◐	
	Lehm (je nach Einwirkzeit)	◐	○
	Stahlbetonelemente	●	
	Holz (Blockbauweise, Fachwerke)	◐	
	Glasbausteine	●	
Außenhaut	mineralische Putze (Zement, hydr. Kalk)	●	
	Verblendmauerwerk mit Luftschicht	●	
	Steinzeugfliesen	●	
	Kunststoffsockel	●	
	Faserzementplatten	●	
	Natursteinmauerwerk	●	
Dämmstoffe	wasserabweisende Dämmstoffe (XPS, Schaumglas)	●	
	Kunststoffdämmstoffe (EPS, PUR)	◐	
	Faserdämmstoffe (Mineralwolle, Mineralfaserdämmstoffe, Holzweichfaserplatten, Zellulose)	○	
Putz	mineralischer Zementputz	●	
	Kalkputz (hydraulische Kalke)	●	
	Gipsputze	○	
	Lehm (je nach Einwirkzeit)	●	◐
	Spezialputze (hydrophobiert)	●	
	Kunstharzputze	●	
Anstrich	Mineralfarben	●	
	Kalkanstrich	●	
	Dispersionsanstrich	○	
Wandverkleidung	Tapeten	○	
	Fliesen	●	
	Holz (Bretter, Spanplatten, Gefache)	○	
	Textilien	○	
	Gipskartonplatten	○	
	Kork	○	
Fenster	Holz (je nach Art)	◐	
	Kunststoff	●	◐
	Aluminium	●	
	verzinkter Stahl	●	
Fensterbänke	Marmor	○	
	sonstiger Naturstein (wie Granit)	●	
	Holz (je nach Art)	◐	
	beschichtetes Aluminium und Metall	●	
	Sandstein	○	
	Schiefer	◐	

Türen	Holzzargen	○
	Metallzargen	●
	Holztüren	○
	Edelstahltüren	●
Treppen	Beton	●
	Holz	◐
	verzinkte Stahlkonstruktion	●
	Massivtreppen aus Naturstein	●

● gut geeignet
◐ mäßig geeignet
○ ungeeignet

5   Fazit

Der Hochwasserschutz stellt ein sehr umfangreiches Themengebiet dar, das zwar ständig präsent ist, trotz dessen jedoch nicht genügend Aufmerksamkeit von Hauseigentümern bekommt. Wie bereits in der Einführung erwähnt, unterschätzen sehr viele Eigentümer das Thema Hochwasser und informieren sich nicht ausreichend über ihr eigenes Überflutungsrisiko. Neben der eigenverantwortlichen Information der Hausbesitzer sollten deshalb vor allem die **Kommunen** im Rahmen ihrer **Öffentlichkeitsarbeit** Immobilienbesitzer regelmäßig über das Risiko und die Gefahr von Hochwasser informieren.

Die erarbeitete **Hochwasserrisiko-Analyse** bietet Hauseigentümern in erster Linie die Möglichkeit, sich über ihr eigenes Risiko zu informieren. Außerdem sind sie durch die Abfrage dazu gezwungen, sich näher mit der Bausubstanz und der Beschaffenheit ihres Hauses zu beschäftigen. Dadurch können gegebenenfalls Schwachstellen entdeckt werden, was eine Instandsetzung bzw. Sanierung bewirken sollte und schlussendlich zu einer Werterhaltung bzw. -steigerung des Gebäudes führt. Des Weiteren müssen sich Hausbesitzer aufgrund der Analyse mit dem Thema Hochwasser allgemein auseinandersetzen. Dies verstärkt das Bewusstsein über die Notwendigkeit von Hochwasserschutzmaßnahmen.

Die Hochwasserrisiko-Analyse kann im weiteren Verlauf z. B. von **Versicherungsunternehmen** genutzt und weiterentwickelt werden. Zum einen werden Versicherungsnehmer durch das Ausfüllen auf ihr eigenes Risiko aufmerksam gemacht, zum anderen kann durch die Einführung eines **Stufensystems** ein **Anreiz** zur Realisierung von Schutzmaßnahmen geschaffen werden. Damit ein Versicherungsnehmer in eine andere Tarifzone gelangt, müssen zuerst bestimmte Maßnahmen zum Hochwasserschutz ergriffen werden. So erhöht sich die Gesamtpunktzahl und es wird eine positivere Bewertung erreicht. Die Festlegung der Stufen sowie die Einzelbetrachtung von Objekten erfolgt dabei individuell von der jeweiligen Versicherungsgesellschaft.

Ein weiterer Anreiz zur hochwassersicheren Sanierung eines Gebäudes kann ein **Förderprogramm** des **Bundes** darstellen. Ähnlich wie bei der Förderung von energetischen Sanierung, werden dann Hochwasserschutzmaßnahmen, wie z. B. der Einbau druckdichter Fenster, finanziell unterstützt. Zu viele Hausbesitzer wollen oder sind nicht in der Lage, Investitionen für den Hochwasserschutz aufzubringen und erleiden nach einem Überflutungsfall große materielle Schäden.

Die ursprüngliche Überlegung, einen Maßnahmenkatalog lediglich für Bestandsgebäude zu erstellen, stellte sich im Laufe der Erarbeitung des Themas als sehr schwierig heraus. Die meisten Maßnahmen für den Gebäudebestand können in der Regel auch beim Neubau eines Gebäudes umgesetzt werden, weshalb eine einfache Abgrenzung zwischen Neubau und Bestand nicht möglich war. Die tabellarische Darstellung in Anhang A.2.1 wurde deshalb für beide Bereiche konzipiert und nur spezielle Einzelmaßnahmen wurden dem Neubau oder dem Bestand zugeordnet. Durch diese **umfangreiche Aufstellung**, die ergänzende **bildliche Darstellung** einzelner Schutzeinrichtungen, sowie durch den Überblick über eine **hochwasserangepasste Bauweise** können sich Hauseigentümer über die Umsetzung des Hochwasserschutzes informieren und geeignete **Maßnahmen** sowohl vor als auch nach einem Hochwasserereignis auswählen.

Die vier genannten Möglichkeiten können helfen, Hauseigentümer zum Hochwasserschutz zu animieren. Die Prognosen der Klimaforschung sind noch sehr vorsichtig hinsichtlich der Zunahmen von Flusshochwassern oder Überflutungen durch Starkregenereignissen, doch steigende Trends sind bereits vorhanden. Deshalb darf das Thema Hochwasserschutz von der Bevölkerung nicht unterschätzt werden. Nur eine geeignete **Vorsorge** kann große Schäden durch eine Überflutung verhindern.

6 Anwendungsbeispiele

„Eine lange anhaltende Großwetterlage mit Gewittern über Mitteleuropa verursachte von En-
de Mai bis Mitte Juni heftige Niederschläge, die sowohl lokale Sturzfluten als auch großflächi-
ge Überschwemmungen auslösten. Viele Orte wurden ohne Vorwarnung getroffen.“[142]

6.1 Hochwasserereignisse in Baltringen 2016

Baltringen ist ein Teilort der Gemeinde Mietingen und liegt im Einzugsgebiet der Dürnach. Die Dürnach ist ein Bach, d. h. ein kleines Fließgewässer, der seinen Ursprung ca. 20 km in südlicher Richtung von Baltringen hat. 2016 war Baltringen von zwei Hochwasserereignissen innerhalb eines Monats betroffen. Das erste Hochwasser ereignete sich am 29. Mai 2016. Dem Hochwasser gingen wochenlange Niederschläge voraus, was die Böden im Einzugsgebiet der Dürnach sättigte. Nach heftigem Starkregen am 29. Mai 2016 konnte die Dürnach die Wassermassen schließlich nicht mehr bewältigen und trat ohne Vorwarnung über die Ufer. Die eigentliche Hochwasserwelle erreichte Baltringen aufgrund der Fließrichtung zeitverzögert. Die Hochwasserwelle traf als Sturzflut in Baltringen ein und überflutete große Teile von Baltringen. Einige Betroffene mussten evakuiert werden. Andere Ortsteile von Baltringen wurden am gleichen Abend noch durch Oberflächenabflüsse der angrenzenden Wiesen überschwemmt. Weitere Haushalte wurden durch einen Kanalrückstau überflutet, da die Kanalisation überlastet war. Nach ungefähr fünf Stunden war die Hochwasserwelle wieder abgelaufen. Noch während des Hochwasserereignisses wurde der Strom im ganzen Dorf ausgeschaltet und fiel für mehrere Tage aus. Bei diesem Ereignis handelte es sich um Extremhochwasser.

Das zweite Hochwasser ereignete sich am 24. Juni 2016. Die Ursache für die Überflutung waren starke Regenfälle im Bereich der Oberlieger der Dürnach und noch immer gesättigte Böden im gesamten Einzugsgebiet. Beim zweiten Hochwasserereignis stieg die Dürnach langsamer über die Ufer und der Hochwasserstand war niedriger. Anwohner konnten demnach vor dem bevorstehenden Ereignis gewarnt werden. Viele Betroffene hatten jedoch mit dem plötzlichen Grundwasseranstieg zu kämpfen, der mit der Hochwasserwelle einherging. Das eigentliche Hochwasserereignis dauerte ca. zwei Stunden. In vielen Häusern musste daraufhin jedoch mehrere Wochen Grundwasser ausgepumpt werden.

---

[142] Munich Re (Hrsg.) (2017), S. 27.

Dadurch verzögerten sich bereits angefangene Trocknungs- und Wiederaufbauarbeiten um mehrere Wochen.

Zu den Werten der Hochwassergefahrenkarten ist vorab zu sagen, dass diese von der zuständigen Gemeinde angezweifelt wurden. Die tatsächlichen Wasserstände des Extremhochwassers stimmen nicht mit den berechneten Wasserständen aus den Überflutungsmodellen überein. Deshalb werden als Bemessungswerte für die vorgeschlagenen Schutzmaßnahmen die tatsächlichen Wasserstände auf den jeweiligen Grundstücken verwendet.

6.2 Beispiel 1: Kindergarten St. Nikolaus, Baltringen

Der Kindergarten St. Nikolaus in Baltringen wurde 2010 gebaut und im Jahre 2011 fertiggestellt. Träger ist die katholische Kirchengemeinde Mietingen. Die Planung und die Projektleitung wurde vom Architektur- und Ingenieurbüro Tress aus Baltringen übernommen. Geographisch liegt der Kindergarten unterhalb einer Bundestraße, der B30, die auf der Westseite des Gebäudes verläuft, und in unmittelbarer Nähe zur Dürnach, der auf der Nordseite des Kindergartens vorbeifließt. Auf dem östlichen Nachbargrundstück befindet sich das alte Kindergartengebäude. Im Süden grenzen ein großer Garten sowie eine Kuhweide an das Grundstück an. Hinter der Kuhweide verläuft die Hauptstraße, an der das Gelände ansteigt. Topographisch befindet sich das Gebäude in einer Senke und in direktem Fließweg des Wassers.

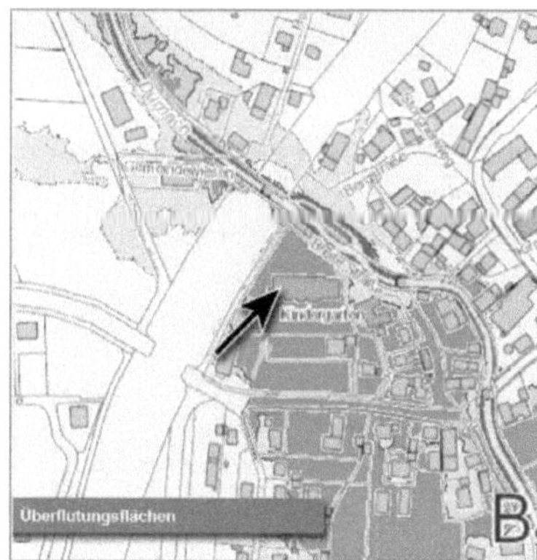

Abbildung 19: Hochwasserrisikomanagement-Abfrage Kindergarten Baltringen[143]

---

[143] LUBW (Hrsg.) (2017).

Gemäß der Hochwasserrisikomanagement-Abfrage wird der Kindergarten bei einem HQ_{50} ca. 30 cm überflutet. Bei einem HQ_{extrem} steht das Gebäude ca. 70 cm unter Wasser. Die Überflutungsfläche bei einem HQ_{extrem} rund um den Kindergarten ist in Abbildung 19 zu sehen. Die gesamte Auswertung der Abfrage befindet sich in Anhang A.3.2.

Die Abfrage der ZÜRS Geo-Zonierung ergab, dass das Gebäude in die Gefährdungsklasse 3 eingestuft wird. Die jeweiligen Abfragen stimmen somit überein und ergeben, dass der Kindergarten statistisch gesehen alle 50 Jahre mit einem Flusshochwasser rechnen muss. Die ZÜRS Geo-Abfrage ist in Anhang A.3.3 zu finden.

In Anhang A.3.5 sind Bilder des Kindergartens nach der Wiederherstellung zu sehen. Der Kindergarten wurde originalgetreu saniert. Unterstützend sind in Anhang A.3.1 der Lageplan, ein Grundriss und Schnitte A-A bis D-D aus dem Baugesuch einzusehen. In Tabelle 5 sind die Objektdaten des Kindergartens dargestellt. Diese Parameter sind wichtig für den späteren Sanierungsvorschlag.

Tabelle 5: Objektdaten des Kindergartens Baltringen[144]

Bauteilart	Beschreibung
Gebäudeklasse	5
Grundstücksfläche	ca. 8.000 m²
Nebengebäude	1 Schuppen
Geländeoberkante	514,5 m ü. NN
Geschosse	1
Brutto Rauminhalt	4.453,00 m³
Gründung	Einzel- und Streifenfundamente
Tragkonstruktion	Mauerwerk, Holz und Stahl
Außenwände	Mauerwerk, Wärmedämmverbundsystem mit EPS
Türen und Fenster	teils bodentiefe Holzelementfenster, Eingangstüren auf GOK-Niveau
Fußboden	schwimmender Estrich mit Fußbodenheizung
Dach	Satteldach, Ziegelbelag
Kellerart	kein Keller
Geschossaufgänge	Holztreppen innenliegend zu Galerien
Feuerungsanlage	Luft-Wärmepumpe, kleiner als 50 kW
Außengelände	22 Stellplätze, hügelig, teilweise bepflanzt
Grundstücksbeschaffenheit	ausreichend tragfähig, Schmelzwasserkiese unter Auelehm

---

[144] Quelle: Eigene Darstellung.

6.2.1 Schadensbilder und -ursachen

Beim Hochwasserereignis im Mai 2016 wurde der Kindergarten massiv von der Überflutung getroffen. Das Wasser drang zuerst über die Türen der Kindergrippe (Westseite) und über den Bodenablauf im Behinderten-WC (Nordseite) in das Gebäude ein. Dadurch wurden zunächst noch keine großen strukturellen Schäden verursacht. Durch die enorme Hochwasserwelle, die von südlicher Seite her auf den Kindergarten traf, wurde ein feststehendes Fensterelement in der Kinderkrippe eingedrückt. Durch die dadurch entstandene Strömung wurden im Kindergarten sämtliche Möbel von der West- in die Ostseite geschwemmt. Türen im Innenbereich wurden eingedrückt und eine mobile Trennwand zwischen dem Kindercafé und dem Bewegungsraum wurde verschoben. Außerdem ist im Kindercafé der Estrich mit der darunterliegenden Dämmung aufgeschwommen und hat die Küche nach oben gehoben. Sämtliche technische Einrichtungen wurden durch das Hochwasser zerstört, dazu zählen Schaltschränke, Wasserenthärtungsanlage, Sicherungsautomaten, die Fußbodenheizung sowie die Luft-Wärmepumpe. Des Weiteren wurden durch das Hochwasser die Hohlräume des Mauerwerks gefüllt, das WDVS wurde durchnässt und Holzausbauteile wiesen irreversible Quellverformungen auf. Die massiven Holzfenster und -türen sowie die Holztreppen konnten erhalten bleiben.

Das Hochwasserereignis im Mai 2016 hat den Überflutungswert des HQ_{extrem} um ca. 50 cm überschritten. Die Hochwasserlinie lag bei ca. 1,20 m im Gebäude. Einige Eindrücke der Situation nach dem Ablauf der Hochwasserwelle sowie Bilder von den Rückbauarbeiten sind in Anhang A.3.4 eingefügt.

Beim zweiten Hochwasserereignis im Juni 2016 drang das Wasser über die Gebäudeöffnungen ein, die im Zuge der Sanierungsarbeiten noch nicht wiederhergestellt wurden. Dieses Mal war die Angabe der Hochwassergefahrenkarte jedoch annähernd übereinstimmend mit dem Bemessungswert, der Hochwasserspiegel lag ca. 80 cm über der GOK. Das Wasser konnte aus dem Gebäude jedoch nicht sofort abgepumpt werden, da ein ständiger Nachfluss des Grundwassers zu Problemen führte. Deshalb verlängerten sich die Trocknungsarbeiten um zwei Monate. Bis zum heutigen Tage sind erhöhte Feuchtewerte im Mauerwerk, in der Bodenplatte sowie im WDVS zu messen.

Der gesamte Sachschaden belief sich auf ca. 1,1 Mio. Euro. Dies macht ca. 60 % der ursprünglichen Baukosten aus.

6.2.2 Empfohlene Sanierungs- bzw. Vorsorgemaßnahmen

Für den Kindergarten wurde im Rahmen dieser Arbeit die HWR-Analyse durchgeführt. Dabei ergab sich folgende Punkteverteilung:

- Standort: 10 Punkte,
- Objekt: 43 Punkte,
- Vorsorgemaßnahmen: 37 Punkte.

Die Gesamtbewertung beläuft sich auf einen Endstand von 90 Punkten. Die Einstufung auf der Farbskala ist in Abbildung 20 zu sehen. Das Hochwasser bzw. – Schadensrisiko liegt damit im unteren bzw. mittleren Bereich. Dies liegt hauptsächlich an der ungünstigen Lage des Gebäudes.

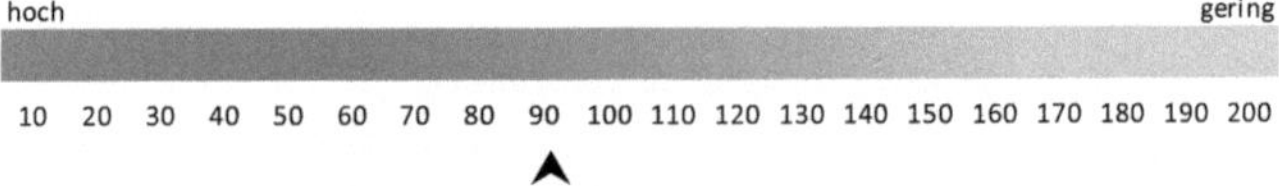

Abbildung 20: Ergebnis der HWR-Analyse des Kindergartens[145]

Welche Möglichkeiten der Kindergarten zur Reduzierung des Hochwasser- bzw. Schadensrisikos hat, wird im Folgenden erläutert. Dazu wird die ausgearbeitete Auflistung der verschiedenen Vorsorge- und Schutzmaßnahmen aus Kapitel 333.2.3 zur Hilfe genommen. Der Aufbau des Sanierungsvorschlags erfolgt analog dazu, es werden jedoch nur die Themenbereiche angesprochen, an denen im Kindergarten ein Schaden entstanden ist. Außerdem wird zur Bearbeitung der allgemeinen Bauvorsorge die tabellarische Übersicht über hochwasserbeständige (Bau-)Materialien aus Kapitel 4.2 verwendet.

Die Bemessungsgrenze für Maßnahmen im und direkt am Gebäude sollte aufgrund der Überflutungshöhe beim Hochwasserereignis im Mai 2016 auf 1,32 m festgelegt werden. Dieser Wert beinhaltet einen Sicherheitsfaktor von 10 %. Bei der Festlegung des Schutzziels wird im Rahmen des Sanierungsvorschlags vorrangig die Strategie des Wiederstehens verfolgt. Dazu werden im Außenbereich große Veränderungen vorgenommen. Als darauf

---

[145] Quelle: Eigene Darstellung.

aufbauende und untergeordnete Strategie wird das Nachgeben in Betracht gezogen und es werden dementsprechend Sanierungsmaßnahmen vorgeschlagen. Bei einer erneuten Überflutung würde dadurch aber wieder ein großer Teil des Hausrats zerstört werden. Eine hochwasserangepasste Nutzung ist im Kindergarten aufgrund der eingeschossigen Bauweise nicht möglich.

Allgemeine Bauvorsorge

Im Rahmen der allgemeinen Bauvorsorge sollten Veränderungen in der bisherigen Konstruktionsweise im Gebäudeinneren vorgenommen werden. Der Estrich ist durch Auftrieb aufgeschwommen, deshalb sind höhere Auflasten notwendig, um dies zu verhindern. Die ursprüngliche Ausführung als schwimmende Konstruktion mit EPS-Dämmung, Fußbodenheizung und Zementestrich muss beibehalten werden, da nur dies den Nutzungsanforderungen des Kindergartens entspricht. Das Eindringen von Wasser in die Konstruktion kann durch andere Maßnahmen verhindert werden (siehe Abschnitt Bauwerksabdichtung). Jedoch sollte die Estrichdicke erhöht und dementsprechend die Dämmschicht reduziert werden, um ein höheres Gesamtgewicht zu erhalten. An den Wänden sollte Zementputz verwendet werden. Als weitere Maßnahme sollte innerhalb des Gebäudes ein Pumpensumpf installiert werden, um ein Abpumpen des Wassers zu erleichtern. Dies kann im Technikraum vorgenommen werden.

Als Maßnahme an der Außenwand wird empfohlen, das WDVS bis zur Überflutungshöhe auszutauschen. Im Rahmen des Wiederaufbaus empfiehlt sich eine abgedichtete Fuge über der Bemessungsgrenze anzubringen, damit das WDVS bei einer erneuten Überflutung bis dahin schnell rückgebaut werden kann. Beim Wiederaufbau sollte der untere Bereich dann mit EPS bzw. besser mit XPS gedämmt werden.

Bauwerksabdichtung

Im Zuge der Sanierung sollte eine Bauwerksabdichtung sowohl im Außen- als auch im Innenbereich vorgenommen werden. Die Außenwände sollten mit einer Bitumendickbeschichtung bis zur Bemessungsgrenze abgedichtet werden. Dadurch wird ein direkter Kontakt des Mauerwerks mit Wasser und ein Füllen der Hohlkammern im Mauerwerk verhindert. Dabei ist darauf zu achten, dass der Wand-Boden-Anschluss fachgerecht abgedichtet wird. Eine Bitumendickbeschichtung kann auch im Inneren angewendet werden. Dazu wird eine Art Wanne ausgebildet, indem die Bodenplatte und die Wände bis zur Bemessungsgrenze abgedichtet werden. So wird bei einer möglichen Überflutung das Mauerwerk komplett geschützt und Trocknungszeiten werden verkürzt.

Um auch die Estrichkonstruktion vor einem Wassereintritt zu schützen, sollte diese von oben abgedichtet werden. Dazu wird eine wannenartige Flächenabdichtung auf Polymerdispersionsbasis empfohlen. Die Fugenabdichtung zwischen Estrich und Wand wird mittels Dichtbändern vorgenommen.

Abdichtungs- und Schutzmaßnahmen von Gebäudeöffnungen

Die feststehenden Fensterelemente im unteren Verglasungsbereich besitzen ein großes Gefährdungspotenzial und sollten deshalb verschlossen werden. Dazu können die feststehenden Elemente herausgenommen und die Öffnungen zugemauert werden, wie in Abbildung 21 beispielhaft zu sehen ist. Dadurch wird einer Gefahrenstelle entgegengewirkt.

Abbildung 21: Verschluss von Fensterelementen, Vergleich Vorher - Nachher[146]

Rückstausicherung und Gebäudeentwässerung

Zur Rückstausicherung sollte der Bodenablauf im Behinderten-WC gesichert werden. Dazu wird ein Bodenablauf mit einem eingebauten Rückstauverschluss empfohlen.

Haustechnik

Bei der Sanierung der Haustechnik sollten Steckdosen und Schalter über der Bemessungsgrenze angebracht werden. Außerdem sollte die Hautechnik (Luft-Wärmepumpe etc.) insgesamt über den Bemessungswert gelegt werden. Dazu kann ein Podest aus Stahlbeton oder aus Vollholz hergestellt werden.

---

[146] Quelle: Eigene Darstellung.

Schutzmaßnahmen im Außenbereich

Die wichtigsten Veränderungen im Rahmen einer Sanierung des Kindergartens sollten den Außenbereich betreffen. Durch eine zielführende Gestaltung der Außenanlagen kann Wasser vom Gebäude ferngehalten und die Fließgeschwindigkeit reduziert werden. Eine Möglichkeit, dies zu realisieren, bietet ein Graben als Rückhaltebereich, der um das gesamte Gebäude gezogen wird. Der Wasserabfluss erfolgt über Kanäle unter der Straße hindurch in den Bach. An der tiefsten Stelle ist der Graben ca. 1,50 Meter tief. Er kann somit die Wassermassen aufnehmen, die bei der Überflutung innerhalb des Gebäudes waren. Der Aushub kann für eine Eindeichung der Fläche rund um das Gebäude genutzt werden. Des Weiteren kann damit eine leichte Anhöhe zum Nachbargrundstück geschaffen werden. Die Ausbildung eines Gefälles auf der Bachseite ist aufgrund der angrenzenden Straße und der Eingangshöhe des Gebäudes nicht möglich. Die Eingangstür sowie die Terrassentüren werden nicht separat geschützt und ein Wasserzutritt zum Gebäude soll verhindert werden. Deshalb wird eine Eindeichung angestrebt. Wie dieser Vorschlag in der Realität umgesetzt werden kann, zeigen Abbildung 22 und Abbildung 23.

Abbildung 22: Geländemodell des Kindergartens – Ansicht Ost[147]

---

[147] Quelle: Eigene Darstellung.

Abbildung 23: Geländemodell des Kindergartens - Ansicht Nord[148]

Innerhalb einer Eindeichung kann Niederschlagswasser verbleiben und muss abgepumpt werden. Dazu sollte ein Pumpensumpf an der niedrigsten Geländehöhe vorgesehen werden. Des Weiteren ist anzuraten, die gepflasterten Flächen aufzubrechen und mit Rasensteinen zu versehen. Dies begünstigt die Versickerung innerhalb der Eindeichung.

Sonstige allgemeine Hinweise

Für die Betätigung des Pumpensumpfes sollte eine Pumpe sowie ein Notstromaggregat angeschafft werden. Außerdem ist zu organisieren, dass bei einem Überflutungsfall jemand vor Ort ist, um diese Geräte zu bedienen.

Durch den Graben können große Wassermassen aufgenommen werden und das Gebäude wird durch die zusätzliche Eindeichung rundherum geschützt. Deshalb kann die Bemessungsgrenze für Schutzmaßnahmen direkt im und am Gebäude auf ca. 30 - 40 cm gesenkt werden. Dadurch wird der Schutz vor eventuell eindringendem Oberflächenwasser bei einem Starkregenereignis innerhalb der Eindeichung gewährleistet. Durch die Bauwerksabdichtungen im Innenbereich wird nicht nur eine Abdichtung gegen Oberflächenwasser,

---

[148] Quelle: Eigene Darstellung.

sondern auch der Schutz von aufsteigender Bodenfeuchtigkeit erreicht. Deshalb sollten diese Maßnahmen in jedem Fall durchgeführt werden.

Nach Ergreifen der Maßnahmen an den Gebäudeöffnungen, der Haustechnik, sowie des Außenbereichs erhöht sich der Wert der Vorsorgemaßnahmen von 37 auf 50 Punkte. Die Gesamtpunkzahl erhöht sich somit von 90 auf 103 Punkte und führt zu einer leichten Verbesserung in der Risikoeinstufung. Eine bessere Einstufung ist kaum möglich, da die risikohafte Lage unveränderlich ist.

6.3 Beispiel 2: Einfamilienhaus, Baltringen

Bei dem ausgewählten Einfamilienhaus handelt es sich um ein freistehendes Gebäude für eine vierköpfige Familie mit einer Unterkellerung. Baubeginn des Hauses war im Jahre 2003, die Fertigstellung sowie der Einzug erfolgte im darauffolgenden Jahr 2004. Geplant wurde das Einfamilienhaus von Meister Massivhaus. Das Gebäude liegt geographisch direkt an einer Straße, die im Süden und im Westen verläuft. Außerdem grenzen im Norden und im Osten Nachbargrundstücke an. Die Dürnach liegt in ca. 100 Meter Entfernung. Topografisch liegt das Gebäude in einer Ebene, lediglich die B30 im Westen in ca. 50 m Entfernung ist erhöht.

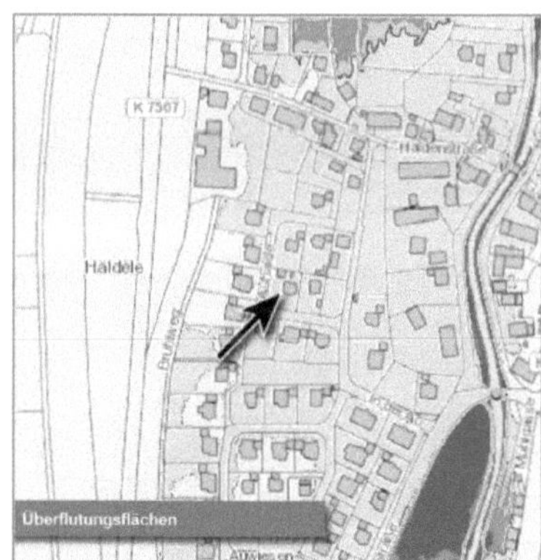

Abbildung 24: Hochwasserrisikomanagement-Abfrage des Einfamilienhauses[149]

Gemäß der Hochwasserrisikomanagement-Abfrage ist das Einfamilienhaus lediglich bei einem HQ$_{extrem}$ von einer Überflutung betroffen. Bei solch einem Ereignis beträgt die Über-

---

[149] LUBW (Hrsg.) (2017).

flutungstiefe ca. 90 cm. Die Überflutungsfläche bei einem HQ_{extrem} rund um das Einfamilienhaus ist in Abbildung 24 zu sehen. Die gesamte Auswertung der Abfrage befindet sich in Anhang A.4.2.

Die Abfrage der ZÜRS Geo-Zonierung ergab, dass das Gebäude in die Gefährdungsklasse 2 eingestuft wird. Die jeweiligen Abfragen stimmen somit überein und ergeben, dass in der Lage des Einfamilienhauses statistisch gesehen einmal in 100 bis 200 Jahren mit einem Flusshochwasser zu rechnen ist. Die ZÜRS Geo-Abfrage ist in Anhang A.4.3 zu finden.

In Anhang A.4.4 sind Bilder des Einfamilienhauses von außen im Jahre 2013 zu sehen. Bis heute hat sich an dem eigentlichen Aussehen des Objekts nichts geändert. Außerdem sind in Anhang A.4.1 der Lageplan, die Grundrisse des Unter- Erd- und Dachgeschosses sowie Schnitte A-A und B-B aus dem Baugesuch einzusehen. In Tabelle 6 sind die Objektdaten des Einfamilienhauses dargestellt. Diese Parameter sind wichtig für den späteren Sanierungsvorschlag.

Tabelle 6: Objektdaten des Einfamilienhauses[150]

Bauteilart	Beschreibung
Gebäudeklasse	1
Grundstücksfläche	712 m²
Nebengebäude	Garage und Holzschuppen – keine bauliche Verbindung
Geländeoberkante	517,00 m ü. NN
Geschosse	1 Vollgeschoss, 1 Kellergeschoss, 1 OG ausgebaut
Brutto Rauminhalt	901 m³
Gründung	Streifenfundamente
Tragkonstruktion	Stahlbeton, Ziegel
Außenwände	Stahlbeton, Ziegel, Putz
Türen und Fenster	Fenster mit Kunststoff-Aluminium-Rahmen, Hauseingang 60 cm über GOK
Fußboden	schwimmender Estrich
Dach	Satteldach in Holzkonstruktion
Kellerart	Weiße Wanne
Geschossaufgänge	Holztreppe innenliegend
Feuerungsanlage	Zentralheizung, Holzofen im Keller und EG, Nachtspeicheröfen im Keller und OG
Außengelände	Grünfläche mit Bepflanzungen
Grundstücksbeschaffenheit	ausreichend tragfähig, steiniger Ton

---

[150] Quelle: Eigene Darstellung.

6.3.1 Schadensbilder und -ursachen

Beim erwähnten Starkregenereignis im Mai 2016 wurde das Grundstück von der südlichen Seite beginnend überschwemmt. Das Wasser lief zuerst mit starker Strömung auf der Straße am Grundstück vorbei und lief dann am Durchgang auf der Südseite des Erdwalls in den Garten. Kurz darauf wurde das Grundstück auch von den anderen Seiten überflutet. Zuerst liefen die Kellerlichtschächte voll und das Wasser drang durch die kleinen Kellerfenster ins Gebäudeinnere. Gleichzeitig wurde der Lichthof überflutet und das Fenster zum Keller 1 wurde nach innen gedrückt. In kürzester Zeit war der Keller 1 überflutet und die Türen zu den anderen Räumen wurden herausgehebelt. Der Keller lief in einer halben Stunde bis zur Kellerdecke voll. Das Erdgeschoss war von der Überflutung nicht betroffen. Der Keller wurde eineinhalb Tage später von der Feuerwehr ausgepumpt. Der komplette Hausrat wurde von Wasser und Schlamm zerstört.

Das Hochwasserereignis im Mai 2016 hat den Überflutungswert des HQ_{extrem} um ca. 60 cm unterschritten. Die Hochwasserlinie lag bei ca. 30 cm am Gebäude. Einige Eindrücke der Situation während des Hochwassers, nach dem Ablauf der Hochwasserwelle sowie Bilder von den Rückbauarbeiten sind im Anhang A.4.5 eingefügt.

Beim zweiten Hochwasserereignis im Juni 2016 lief der Keller ca. 50 cm hoch voll. Da die Abbrucharbeiten bereits erledigt waren, entstand kein weiterer Schaden. Allerdings verzögerte sich dadurch die Trocknung bis August 2016.

Der Schaden am Hausrat wurde mit 50.000 EUR berechnet, der Gebäudeschaden belief sich insgesamt auf ca. 100.000 EUR. Die Außenanlage war lediglich mit 10.000 EUR versichert. Hier musste der Bauherr noch eigene Mittel in Höhe von ca. 5.000 EUR aufwenden. Die Sanierung aller Schäden dauerte schlussendlich mehr als ein Jahr.

6.3.2 Empfohlene Sanierungs- bzw. Vorsorgemaßnahmen

Für das Einfamilienhaus wurde ebenfalls die HWR-Analyse zur Ermittlung des Risikos durchgeführt. Dabei ergab sich folgende Punkteverteilung:

- Standort: 45 Punkte,
- Objekt: 34 Punkte,
- Vorsorgemaßnahmen: 43 Punkte.

Die Gesamtbewertung beläuft sich auf einen Endstand von 122 Punkten. Die Einstufung auf der Farbskala ist in Abbildung 25 zu sehen. Das Hochwasser bzw. – Schadensrisiko liegt somit im mittleren Bereich. Dies liegt hauptsächlich daran, dass eine Unterkellerung vorhanden ist. Außerdem wurden bisher noch keine Vorsorgemaßnahmen vorgenommen.

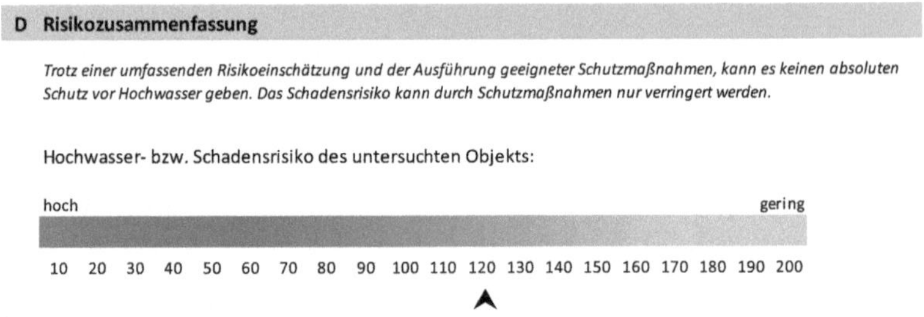

D   Risikozusammenfassung

Trotz einer umfassenden Risikoeinschätzung und der Ausführung geeigneter Schutzmaßnahmen, kann es keinen absoluten Schutz vor Hochwasser geben. Das Schadensrisiko kann durch Schutzmaßnahmen nur verringert werden.

Hochwasser- bzw. Schadensrisiko des untersuchten Objekts:

hoch   gering

10   20   30   40   50   60   70   80   90   100 110 120 130 140 150 160 170 180 190 200

Abbildung 25: Ergebnis der HWR-Analyse des Einfamilienhauses[151]

Im Folgenden wird nun erläutert, welche Möglichkeiten zur Reduzierung des Hochwasser- bzw. Schadensrisikos an dem Einfamilienhaus bestehen. Die Vorgehensweise erfolgt analog zum Sanierungsvorschlag des Kindergartens. Der Aufbau orientiert sich an den Themengebieten der Auflistung der verschiedenen Vorsorge- und Schutzmaßnahmen aus Kapitel 333.2.3. Zur Bearbeitung der allgemeinen Bauvorsorge wird die tabellarische Übersicht über hochwasserbeständige (Bau-)Materialien aus Kapitel 4.2 verwendet. Die Bemessungshochwassergrenze wird mit einem Sicherheitsfaktor von 10 % auf 33 cm festgelegt.

Bei dem Sanierungsvorschlag für das Einfamilienhaus wird die Strategie des Wiederstehens verfolgt. Dies wird hauptsächlich durch direkte Objektschutzmaßnahmen erreicht. Dennoch werden Maßnahmen für die allgemeine Bauvorsorge vorgestellt, die im Rahmen der Sanierung sowieso notwendig sind.

Allgemeine Bauvorsorge

Im Zuge der Sanierung sollte überlegt werden, ob eine schwimmende Estrichkonstruktion notwendig ist, oder ob sich nur untergeordnete Räume im Untergeschoss befinden. Bei untergeordneten Räumen ist eine Wärmedämmung von unten nicht notwendig. Da sich aber ein Büro und ein zweites Bad im Keller befinden, kann auf einen Estrich auf Dämmschicht nicht verzichtet werden. Nur die einzelnen Räume mit einer Dämmung zu versehen, würde zu Stufen in der Fußbodenkonstruktion. Dies würde zu Stolperfallen führen

---

[151] Quelle: Eigene Darstellung.

und ist somit nicht geeignet. Außerdem wären Wärmeverluste über das offene Treppenhaus möglich. Somit wird der ursprüngliche Aufbau mit einer EPS-Wärmedämmung und einem Zementestrich empfohlen. Es wird davon ausgegangen, dass von außen kein Wasser in das Gebäude eindringt. Trotzdem kann eine Randfugenabdichtung mittels Dichtband sowie eine vollflächige Abdichtung auf Polymerdispersionsbasis vorgenommen werden. Als Fußbodenbelag werden Keramikfliesen empfohlen. Die Wände sollten mit einem Zementputz verputzt werden.

Sollte trotz Vorkehrungen an den Gebäudeöffnungen Wasser ins Gebäude eindringen, empfiehlt sich die vorsorgende Errichtung eines Pumpensumpfes. Dazu kann ein entsprechendes Estrichgefälle hergestellt werden. Der Pumpensumpf sollte im Flur vorgesehen werden, denn das Wasser kann bei einer Überflutung nicht über Öffnungen im Keller abgepumpt werden, sondern muss über die Eingangstür im Erdgeschoss vorgenommen werden. Deshalb ist beim Kauf einer Pumpe auf eine ausreichende Schlauchlänge zu achten.

Abdichtungs- und Schutzmaßnahmen von Gebäudeöffnungen

Zur Abdichtung und zum Schutz der Gebäudeöffnungen wird empfohlen, die Kellerlichtschächte um ca. 20 cm zu erhöhen. Dies hält Oberflächenwasser bei einem Starkregenereignis vor einem Eindringen ab. Die Kellerlichtschächte sind nicht wasserdicht ausgeführt, weshalb noch zusätzliche Maßnahmen direkt an den Fenstern notwendig sind. Permanente Maßnahmen bieten den besten Schutz vor einer Sturzflut. Deshalb wäre an allen Öffnungen der nachträgliche Einbau von wasserdichten Fenster zu empfehlen.

Die Verbindung zwischen Fensterrahmen und Kellerwänden wiesen jedoch keine Undichtigkeiten bei der Überflutung auf. Lediglich die Fensterflügel stellten die Schwachpunkte im System dar. Deshalb sollte bei den kleinen Kellerfenstern aus wirtschaftlichen Gründen auf eine temporäre Maßnahme in Form einer Vorsatzschale zurückgegriffen werden. Dazu wurde während der Bearbeitungszeit dieser Thesis bereits eine Empfehlung erarbeitet und umgesetzt, wie in Abbildung 26 zu sehen ist. Für diese Schutzmaßnahme wurde ein Metallrahmen mit Führungselementen auf den Fensterrahmen aufgeklebt, der permanent verbleibt. Die mobile Abdeckung aus Metall ist mit einem Dichtband und Magneten versehen und wird händisch auf den Rahmen aufgesetzt. Durch den Magnet sind keine weiteren Schritte notwendig. Diese Maßnahme kann also schnell bei einer Unwetterwarnung angebracht werden.

Das große Fenster muss aufgrund der großen Schädigung komplett ausgetauscht werden. Beim Neueinbau kann dann ein druckdichtes Fenster eingebaut werden. Der Rollladenkasten sollte bei der Sanierung außenliegend angebracht werden, um Gefahrenstellen zu reduzieren.

Abbildung 26: Vorsatzschale zum Schutz der Kellerfenster[152]

Haustechnik

Die Höherlegung der Haustechnik (z. B. Stromkasten) stellt eine unwirtschaftliche Maßnahme dar. Dies wäre nur in Verbindung mit einer aufwändigen Sanierungsmaßnahme realisierbar. Außerdem soll durch die ausgewählte Schutzstrategie das Eindringen von Wasser verhindert werden.

Schutzmaßnahmen im Außenbereich

Um im Lichthof ein Einströmen von Wasser zu verhindern, sollte dieser mit einer Aufkantung versehen werden. In Abbildung 27 ist eine dementsprechende Planung zu sehen.

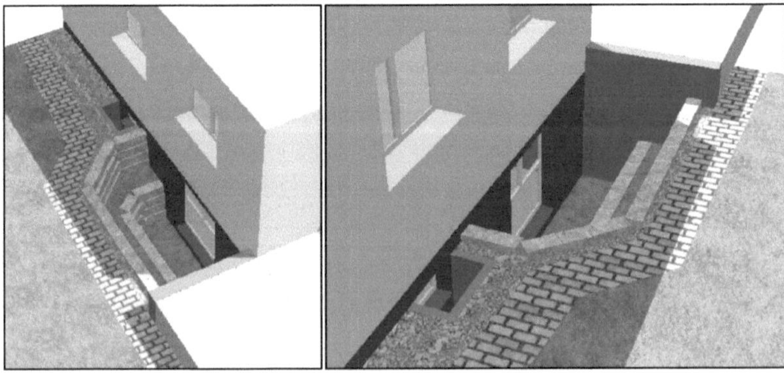

Abbildung 27: Planung des Lichthofs für das Einfamilienhaus[153]

---

[152] Quelle: Eigene Darstellung.

Diese Maßnahme wurde während der Sanierungsarbeiten tatsächlich von den Bauherren umgesetzt, wie Abbildung 28 zeigt. Die Mauer des Lichthofs wurde mit Granitsteinen und Zementmörtel errichtet. Die Aufkantung beträgt 40 cm und liegt somit über dem Bemessungswert. Dadurch ist ein Überströmen der Mauer nicht möglich und der Lichthof kann nicht mit Wasser volllaufen.

Abbildung 28: Realisierung des geplanten Lichthofs[154]

Des Weiteren sollte bei der Gartengestaltung der Durchgang auf der Südseite des Erdwalls verschlossen werden, da darüber das Wasser zuerst auf das Grundstück geströmt ist.

Sonstige allgemeine Hinweise

Für die Betätigung des Pumpensumpfes sollte eine Pumpe sowie ein Notstromaggregat gekauft werden. Außerdem sollten alle Hausbewohner über die Funktionsweise dieser Geräte, sowie über das Anbringen der Vorsatzschalen an den Fenstern Bescheid wissen.

Grundsätzlich sollte in überflutungsgefährdeten Bereichen über eine angepasste Nutzung nachgedacht werden. Da aber die Anschlüsse für die Haustechnik und die Waschküche bei dem ausgewählten Objekt im Keller angebracht sind, ist dies nicht möglich. Das Büro könnte jedoch nach Auszug der Kinder in das Obergeschoss verlegt werden, um wichtige Dokumente in hochwassersicheren Bereichen zu lagern.

Insgesamt ist der direkte Objektschutz bei dem betrachteten Gebäude am sinnvollsten und wirtschaftlichsten. Die Investition in die vorgeschlagenen Objektschutzmaßnahmen (Fenstervorsatzschalen, druckdichtes Fenster, Lichtschacht, Lichthof, Verschließen des Durchgangs) beträgt ca. 10.000 €. Dies beträgt 1/15 des Gesamtschadens am Gebäude und Hausrat in Höhe von 150.000 €. Laufende Kosten oder Reparaturkosten sind gering bis

---

[153] Quelle: Eigene Darstellung.
[154] Quelle: Eigene Darstellung.

nicht vorhanden. Theoretisch ist das Gebäude in den nächsten 100 bis 200 Jahren nicht mehr von einem Hochwasser betroffen. Die vorgeschlagenen Maßnahmen tragen jedoch nicht nur zum Schutz des Gebäudes, sondern vor allem zur psychischen Beruhigung der Bewohner bei, weshalb sich die Investition lohnt.

Nach dem Ergreifen der Schutzmaßnahmen erhöht sich der Wert im Bereich der Vorsorgemaßnahmen von 43 auf 55 Punkte. Dadurch ergibt sich eine Gesamtpunktzahl von 134 Punkten. Das Hochwasser- bzw. Schadensrisiko verbessert sich somit etwas. Eine weitere Erhöhung in der Bewertung ist gemäß dem Bewertungssystem nicht möglich, da durch die Unterkellerung immer ein erhöhtes Gefährdungspotenzial vorhanden ist. Hier müsste dann eine individuelle Einschätzung durch die Versicherungsgesellschaft erfolgen.

Glossar

Bemessungshochwasser:

Ist ein angenommenes Hochwasserereignis, das zur bautechnischen Dimensionierung einer Hochwasserschutzanlage oder sonstigen baulichen Anlagen dient.[155]

Massenbewegung:

Eine Massenbewegung (Hangbewegung, Rutschung) ist ein Prozess, bei dem Böden und Felsen unter Einfluss der Gravitation kontinuierlich nach unten transportiert werden.[156]

Sickerwasser:

„Unterirdisches Wasser, welches sich im Erdreich durch Überwiegen der Schwerkraft im so genannten Sickerraum oberhalb des Kapillarraums und des Grundwasserspiegels bewegt. Die Geschwindigkeit der Versickerung hängt von der Durchlässigkeit des Bodens ab."[157]

Stauwasser:

„Zeitweilig auftretendes bewegliches Bodenwasser über einer im Erdreich anstehenden Stauwassersohle. Stauwasser kommt in schwach durchlässigen Böden vor. Das Wasser versickert darin zeitverzögert, sodass bei hohem Sickerwasseranfall, beispielsweise nach einem Starkregen, Stauwasser entsteht."[158]

Sturzflut:

„Infolge von Starkregen auftretendes Hochwasser, auch in nicht gewässernahen Gebieten, oder meteorologisch gesprochen ein extremes Hochwasser infolge hoher, zeitlich und räumlich eng begrenzter Niederschläge."[159]

Überflutung:

„Zustand, bei dem Schmutz- und/oder Regenwasser aus einem Entwässerungssystem entweichen, nicht in dieses eintreten können, auf der Oberfläche verbleiben oder in Gebäude eindringen "[160]

Überschwemmung:

„Austritt von Wasser und mitgeführten Feststoffen aus hochwasserführenden Gewässern in die Umgebung mit meist langsamer Anstiegsgeschwindigkeit."[161]

---

[155] Vgl. Wikipedia (Hrsg.) (2017a).
[156] Vgl. Wikipedia (Hrsg.) (2017b).
[157] HAMBURG WASSER (Hrsg.) (2012), S. 36.
[158] HAMBURG WASSER (Hrsg.) (2012), S. 37.
[159] BBK (Hrsg.) (2015), S. 366.
[160] LUBW (Hrsg.) (2016), Anhang S. 20.
[161] LUBW (Hrsg.) (2016), S. 20.

Quellenverzeichnis

Aktion Deutschland Hilft e. V. (Hrsg.) (2017): Infografik: Entstehung von Hochwasser, online verfügbar unter https://www.aktion-deutschland-hilft.de/de/fachthemen/natur-humanitaere-katastrophen/flut/infografik-entstehung-von-hochwasser/, zuletzt aktualisiert am 30.04.2017, zuletzt geprüft am 01.05.2017.

Anette Galinski (Hrsg.) (2017): Instandhalten, sanieren, modernisieren – eine Begriffsklärung, online verfügbar unter https://www.springerprofessional.de/baustoffe/sanierung/instandhalten-sanieren-modernisieren-eine-begriffsklaerung/6558110, zuletzt aktualisiert am 17.04.2017, zuletzt geprüft am 24.04.2017.

BBK (Hrsg.)_Bundesamt für Bevölkerungsschutz und Katastrophenhilfe (2015): Die unterschätzten Risiken "Starkregen und Sturzfluten", Ausgabe: 1, Stand: Dezember 2015, Bonn 2015.

BBSR (Hrsg.)_Bundesinstitut für Bau-, Stadt- und Raumforschung (2015): Klimaangepasstes Bauen bei Gebäuden_BBSR-Analysen kompakt, Band 2015,2, Bonn 2015.

BMUB (Hrsg.)_Bundesministerium für Umwelt, Naturschutz, Bau und Reaktorsicherheit (2016): Hochwasserschutzfibel, 7. überarbeitete Auflage, Paderborn 2016.

Brasseur, Guy / Jacob, Daniela / Schuck-Zöller, Susanne (Hrsg.) (2017): Klimawandel in Deutschland, Berlin 2017.

BWK (Hrsg.)_Bund der Ingenieure für Wasserwirtschaft, Abfallwirtschaft und Kulturbau e. V. (2013): Starkregen und urbane Sturzfluten_BWK-Fachinformation, Band 2013,1, 1. Aufl., Stand: Juli 2013, Stuttgart 2013.

dejure.org Rechtsinformationssysteme GmbH (Hrsg.) (2009): Wasserhaushaltsgesetz (WHG), online verfügbar unter https://dejure.org/gesetze/WHG, zuletzt aktualisiert am 29.03.2017, zuletzt geprüft am 24.04.2017.

DWA (Hrsg.)_Deutsche Vereinigung für Wasserwirtschaft, Abwasser und Abfall e. V. (2016): DWA-Regelwerk, Band M 553, November 2016, Hennef 2016.

Egli, Thomas (2005): Wegleitung Objektschutz gegen gravitative Naturgefahren, Bern 2005.

Egli, Thomas (2007): Wegleitung Objektschutz gegen meteorologische Naturgefahren, Bern 2007.

Fischer, Bernhard / Dosch, Fabian (2014): Hochwasser: Vor- und Nachsorge_BBSR-Analysen kompakt, Band 2014,8, Bonn 2014.

Garten Winkler (Hrsg.) (2017): Außengestaltung Leiter, St. Peter Ahrntal, online verfügbar unter http://www.garten-winkler.it/project/aussengestaltung-leiter-st-peter-ahrntal/, zuletzt aktualisiert am 05.06.2017, zuletzt geprüft am 05.06.2017.

GDV (Hrsg.)Gesamtverband der Deutschen Versicherungswirtschaft e. V. (2016): Naturgefahrenreport 2016, Berlin 2016.

GDV (Hrsg.) (2016a): „ZÜRS Geo" – Zonierungssystem für Überschwemmungsrisiko und Einschätzung von Umweltrisiken, online verfügbar unter http://www.gdv.de/2016/05/geo-informationssystem-zuers-geo-zonierungssystem-fuer-ueberschwemmungsrisiko-und-einschaetzung-von-umweltrisiken/, zuletzt aktualisiert am 12.05.2016, zuletzt geprüft am 28.05.2017.

GDV (Hrsg.) (2016b): 58.000 Hausbesitzer können sich einfacher gegen Hochwasser versichern, online verfügbar unter http://www.gdv.de/2016/07/58-000-hausbesitzer-koennen-sich-jetzt-einfacher-gegen-hochwasser-versichern/, zuletzt aktualisiert am 07.07.2016, zuletzt geprüft am 28.05.2017.

GDV (Hrsg.)_Gesamtverband der Deutschen Versicherungswirtschaft e.V. (2016c): Versicherer leisten 2 Milliarden Euro für Schäden durch Stürme und Starkregen | GDV, online verfügbar unter http://www.gdv.de/2016/12/naturgefahrenbilanz2016/, zuletzt aktualisiert am 28.12.2016, zuletzt geprüft am 29.04.2017.

GDV (Hrsg.) (2017): Verbreitung der Elementarschadenversicherung in Deutschland, online verfügbar unter http://www.gdv.de/2017/04/versicherungsdichte-in-der-elementarschadenversicherung/, zuletzt aktualisiert am 05.04.2017, zuletzt geprüft am 28.05.2017.

Gebhardt, Harald (Hrsg.) (2012): Klimawandel in Baden-Württemberg, 2. aktualisierte Aufl., März 2012, Karlsruhe 2012.

Geographisches Institut der Universität Bern (Hrsg.) (2015): Hydrologischer Atlas der Schweiz - Hochwasser, online verfügbar unter http://hades.prod.lernetz.ch/ebooks/hochwasser/Implayer.html, zuletzt aktualisiert am 12.08.2015, zuletzt geprüft am 30.04.2017.

HAMBURG WASSER (Hrsg.) (2012): Wie schütze ich mein Haus vor Starkregenfolgen?, Neuauflage, Hamburg 2012.

hanseWasser Bremen GmbH (Hrsg.) (2013): Wie schütze ich mein Haus gegen Wasser von unten und oben?, Bremen 2013.

HKC (Hrsg.)_HochwasserKompetenzCentrum (HKC) e.V. (2017): Der Hochwasserpass - Eine Initiative des HKC., online verfügbar unter http://hochwasser-pass.com/#hochwassergefahren, zuletzt aktualisiert am 11.04.2017, zuletzt geprüft am 11.04.2017.

Hydrotec Ingenieurgesellschaft für Wasser und Umwelt mbH (Hrsg.) (2010): Klimaangepasstes Bauen - Kriteriensteckbrief "„Widerstandsfähigkeit gegen Naturgefahren: Wind, Starkregen, Hagel, Schnee/feuchte Winter und Hochwasser", Aachen 2010.

LfU Bayern (Hrsg.)_Bayerisches Landesamt für Umwelt (2016): Hochwasserschutz-Eigenvorsorge: Fit für den Ernstfall, Augsburg 2016.

LUBW (Hrsg.)_Landesanstalt für Umwelt, Messungen und Naturschutz Baden-Württemberg (2016): Leitfaden Kommunales Starkregenrisikomanagement in Baden-Württemberg, Stand Dezember 2016, Karlsruhe 2016.

LUBW (Hrsg.)_Landesanstalt für Umwelt, Messungen und Naturschutz Baden-Württemberg (2017): Daten- und Kartendienst der LUBW, online verfügbar unter http://udo.lubw.baden-wuerttemberg.de/public/pages/map/default/index.xhtml, zuletzt aktualisiert am 22.04.2017, zuletzt geprüft am 22.04.2017.

Ministerium für Umwelt, Klima und Energiewirtschaft Baden-Württemberg (Hrsg.) (2016): Kommunales Starkregenrisikomanagement in Baden-Württemberg, Stuttgart 2016.

Ministerium für Umwelt, Klima und Energiewirtschaft Baden-Württemberg (Hrsg.) (2016): Kommunales Starkregenrisikomanagement in Baden-Württemberg, Stand 06.12.2016, Stuttgart 2016.

Ministerium für Umwelt, Klima und Energiewirtschaft Baden-Württemberg (Hrsg.) (2017a): Hochwassergefahrenkarten und Hochwasserrisikokarten, online verfügbar unter https://www.hochwasser.baden-wuerttemberg.de/hochwassergefahrenkarten-und-hochwasserrisikokarten, zuletzt aktualisiert am 22.04.2017, zuletzt geprüft am 22.04.2017.

Ministerium für Umwelt, Klima und Energiewirtschaft Baden-Württemberg (Hrsg.) (2017b): Hochwasserrisikokarten, online verfügbar unter https://www.hochwasser.baden-wuerttemberg.de/hochwasserrisikokarten, zuletzt aktualisiert am 29.05.2017, zuletzt geprüft am 29.05.2017.

Ministerium für Umwelt, Klima und Energiewirtschaft Baden-Württemberg (Hrsg.) (2017c): Vor dem Hochwasser, online verfügbar unter https://www.hochwasser.baden-wuerttemberg.de/kommunen-vor-dem-hochwasser, zuletzt aktualisiert am 29.05.2017, zuletzt geprüft am 29.05.2017.

Munich Re (Hrsg.)_Münchener Rückversicherungs-Gesellschaft (2017): Topics Geo. Naturkatastrophen 2016 Analysen, Bewertungen, Positionen, München 2017.

Munich Re (Hrsg.)_Münchener Rückversicherungs-Gesellschaft (2017): Überschwemmung, online verfügbar unter https://www.munichre.com/touch/naturalhazards/de/naturalhazards/hydrological-hazards/flood/flood/index.html, zuletzt aktualisiert am 10.04.2017, zuletzt geprüft am 10.04.2017.

MURL (Hrsg.)_Ministerium für Umwelt, Raumordnung und Landwirtschaft des Landes Nordrhein-Westfalen (1999): Hochwasserfibel, 1. Auflage, Düsseldorf 1999.

NLWKN (Hrsg.)_Niedersächsischer Landesbetrieb für Wasserwirtschaft, Küsten- und Naturschutz (2005): Hochwasserschutz in Niedersachsen, Band 23, Hannover-Hildesheim 2005.

NLWKN (Hrsg.)_Niedersächsischer Landesbetrieb für Wasserwirtschaft, Küsten- und Naturschutz (2016): Wie entsteht Hochwasser?, online verfügbar unter http://www.nlwkn.niedersachsen.de/hochwasser_kuestenschutz/hochwasserschutz/hintergrund_vorsorgeinformationen/wie_entsteht_hochwasser/fachliche-grundlagen-wie-entsteht-hochwasser-119741.html, zuletzt aktualisiert am 25.11.2016, zuletzt geprüft am 11.04.2017.

Patt, Heinz / Jüpner, Robert (Hrsg.) (2013): Hochwasser-Handbuch, 2., neu bearb. Aufl., Berlin 2013.

Potsdam Institute for Climate Impact Research (PIK) e. V. (Hrsg.) (2017): Klimawandel: Immer mehr Rekord-Regenfälle, online verfügbar unter https://www.pik-potsdam.de/aktuelles/pressemitteilungen/klimawandel-immer-mehr-rekord-regenfaelle, zuletzt aktualisiert am 22.04.2017, zuletzt geprüft am 24.04.2017.

Suda, Jürgen / Rudolf-Miklau, Florian (Hrsg.) (2012): Bauen und Naturgefahren, SpringerLink Bücher, Wien / New York 2012.

Thieken, Annegret H. / Seifert, Isabel / Merz, Bruno (Hrsg.) (2010): Hochwasserschäden, München 2010.

UBA (Hrsg.)_Umweltbundesamt (2011): Hochwasser., Dessau-Roßlau 2011.

Verbraucherzentrale (Hrsg.) (2016): Versicherungsschutz für Elementarschäden, online verfügbar unter https://www.verbraucherzentrale.de/versicherungsschutz-fuer-elementarschaeden, zuletzt aktualisiert am 10.08.2016, zuletzt geprüft am 29.04.2017.

WBW Fortbildungsgesellschaft für Gewässerentwicklung mbH (Hrsg.) (2014): Was tun, wenn Hochwasser droht?, Karlsruhe 2014.

WBW Fortbildungsgesellschaft für Gewässerentwicklung mbH (Hrsg.) (2015): Hochwasser-Risiko-bewusst planen und bauen, 1. Auflage, Darmstadt 2015.

Weller, Bernhard / Fahrion, Marc-Steffen / Horn, Sebastian et al. (2016): Baukonstruktion im Klimawandel, Wiesbaden 2016.

Wikipedia (Hrsg.) (2017a): Bemessungshochwasser, online verfügbar unter https://de.wikipedia.org/w/index.php?oldid=164132332, zuletzt aktualisiert am 21.05.2017, zuletzt geprüft am 05.06.2017.

Wikipedia (Hrsg.) (2017b): Massenbewegung (Geologie), online verfügbar unter https://de.wikipedia.org/w/index.php?oldid=163967721, zuletzt aktualisiert am 21.05.2017, zuletzt geprüft am 05.06.2017.

Inhaltsverzeichnis des Anhangs

Anhang

A.1 Hochwasserrisiko-Analyse für Hauseigentümer

A.1.1 Fragebogen

(Abbildung auf der nächsten Seite)

Hochwasserrisiko-Analyse für Hauseigentümer

A Informationen zur Lage

A.1 Standort

PLZ, Ort

Straße, Hausnummer

Wohnlage ☐ innerstädtisch ☐ ländlich

A.2 Informationen zum Hochwasser- und Starkregenrisiko

Für die Beantwortung der Überflutungstiefe sind die Angaben der Hochwassergefahrenkarten maßgebend. Diese sind unter
http://udo.lubw.baden-wuerttemberg.de/public/pages/map/default/index.xhtml zu finden.
Falls die Zürszone nicht bekannt ist, ist der Eintrag der Überflutungstiefe ausreichend.

Gewässer in Umgebung ☐ Ja ☐ Nein Name:

ZÜRS Geo Zone *(1 bis 4)* [1]

Überflutungstiefe [2] ☐ HQ 10 _______ m ☐ HQ 50 _______ m
☐ HQ 100 _______ m ☐ HQ extrem _______ m

Topograf. Lage [3] ☐ Senke ☐ Hang ☐ Ebene ☐ Anhöhe

Geländeoberkante (GOK) [4] _______ m ü. NN. *(Meter über Normalnull)*

Abstand GOK zu Fußbodenoberkante EG[5] _______ m

Liegt eine angrenzende Straße über der GOK?[6] ☐ Ja ☐ Nein

Bei welchem Wasserstand auf der Straße kann Oberflächenwasser bis hin zum Gebäude fließen?
☐ 20 cm ☐ 50 cm ☐ 80 cm ☐ 1,00 m

Kann Oberflächen auf das Grundstück fließen
von Nachbargrundstücken? ☐ Ja ☐ Nein
von Außenbereichen (Feld, Flur)? ☐ Ja ☐ Nein

B Informationen zum Objekt

B.1 Art und Ausführung des Gebäudes

Gebäudetyp [7]
☐ frei stehendes Haus
☐ Reihenendhaus/ Doppelhaushälfte
☐ Reihenmittelhaus

Unterkellerung ☐ Ja ☐ Nein

Bauweise Außenwände

(bitte angeben ob im KG oder im EG/OG, falls eine Unterkellerung vorhanden ist)

☐ Lehmbau	☐ KG	☐ EG/OG
☐ Fertigteil-Leichtbau	☐ KG	☐ EG/OG
☐ Holzfachwerkbau	☐ KG	☐ EG/OG
☐ Mauerwerksbau	☐ KG	☐ EG/OG
☐ Stahlbetonbau	☐ KG	☐ EG/OG

Dachform [8] ☐ Flachdach ☐ Pultdach ☐ Satteldach

Dachentwässerung ☐ außenliegend ☐ innenliegend

B.2 Ausstattung und Nutzung

Betroffene Bereiche	☐ Wohnraum	☐ Lagerraum (z. B. Pellets)
bei einer Überflutung [9]	☐ Gewerbe	☐ Abstellraum
(Räume im ggf. vorhandenen	☐ Büro	☐ Waschküche
Keller und EG)	☐ Heizungs- und Technikraum	☐ Werk- oder Hobbyraum

Ölheizung ☐ Ja ☐ Nein

B.3 Wassereintrittsmöglichkeiten ins Gebäude

Kellergeschoss	☐ Kellerwände [10]	☐ Umlauf von Hausdurchführungen [11]
(nur bei vorhandener	☐ Kellersohle [12]	☐ undichte Fugen [11]
Unterkellerung ausfüllen)	☐ Kanalisation [13]	☐ Kellerfenster, Lichtschächte [14]
	☐ Lüftungsöffnungen [11]	☐ Kellertüren [14]

Erdgeschoss/	☐ Durchsickerung Außenwände [11]	☐ Umlauf von Hausdurchführungen [11]
Obergeschoss	☐ Durchsickerung Bodenplatte [12]	☐ undichte Fugen [11]
	☐ Kanalisation [13]	☐ Fenster [14]
	☐ Lüftungsöffnungen [11]	☐ Türen [14]
	☐ undichte Dachhaut [15]	☐ defekte Regenrohre [15]

C Informationen zu Vorsorgemaßnahmen

C.1 Öffentliche Vorsorge

Sind öffentl. Hochwasserschutzeinrichtungen in der Umgebung vorhanden? [16] ☐ Ja ☐ Nein

Wenn ja, welche?	☐ Talsperre	☐ Rückhaltebecken	☐ Pumpwerk
	☐ Polder	☐ Umleitung	☐ Deich
	☐ Schutzwand	☐ Andere	

C.2 Private Vorsorge

Allgemeine Bauvorsorge

Hochwasserangepasste Bauweise [17]

☐ Keine	☐ Weiße Wanne	☐ Schwarze Wanne
☐ Abdichtung außen	☐ Abdichtung innen	

Absicherung gegen Kanalrückstau ☐ Ja ☐ Nein
☐ Rückstauklappe ☐ Hebeanlage

Auftriebssichere Öltanksicherung ☐ Ja ☐ Nein *(falls Ölheizung vorhanden)*
☐ Raumsicherung ☐ Tanksicherung

Druckwasserdichte Hauseinführungen ☐ Ja ☐ Nein

Abgedichtete Fugen ☐ Ja ☐ Nein

Schutz des Grundstücks gegen Oberflächenwasser ☐ Ja ☐ Nein

Wenn ja, welche?	☐ Verwallung	☐ Schwelle	☐ Flutmulden
	☐ Schutzmauer	☐ Gefälle	☐ Andere

Kellergeschoss *(falls Unterkellerung vorhanden)*

Verschluss von Kellerfenstern ☐ Ja ☐ Nein
☐ permanent [18] ☐ vollautomatisch [19] ☐ teilmanuell [20] ☐ manuell [21]

Erhöhung & Verschluss von Lichtschächten ☐ Ja ☐ Nein   Erhöhung ______ m
☐ permanent ☐ vollautomatisch ☐ teilmanuell ☐ manuell

Verschluss von Kellertüren/Toren ☐ Ja ☐ Nein
☐ permanent ☐ vollautomatisch ☐ teilmanuell ☐ manuell

Verschluss von Kellerabgang/Rampe ☐ Ja ☐ Nein
☐ permanent ☐ vollautomatisch ☐ teilmanuell ☐ manuell

Erdgeschoss/Obergeschoss

Verschluss von Fenstern ☐ Ja ☐ Nein
☐ permanent ☐ vollautomatisch ☐ teilmanuell ☐ manuell

Verschluss von Türen ☐ Ja ☐ Nein
☐ permanent ☐ vollautomatisch ☐ teilmanuell ☐ manuell

Verschluss von Toren ☐ Ja ☐ Nein
☐ permanent ☐ vollautomatisch ☐ teilmanuell ☐ manuell

D Risikozusammenfassung

Trotz einer umfassenden Risikoeinschätzung und der Ausführung geeigneter Schutzmaßnahmen, kann es keinen absoluten Schutz vor Hochwasser geben. Das Schadensrisiko kann durch Schutzmaßnahmen nur verringert werden.

Hochwasser- bzw. Schadensrisiko des untersuchten Objekts:

hoch   gering

10 20 30 40 50 60 70 80 90 100 110 120 130 140 150 160 170 180 190 200
▲

A.1.2 Ausfüllhilfe zum Fragebogen

(Abbildung auf der nächsten Seite)

Allgemeine Information:

Im Folgenden werden einzelne Punkte der Hochwasserrisiko-Analyse näher erläutert, um ein einheitliches Verständnis herzustellen; trifft eine Erklärung zu bzw. ist eine Maßnahme zur Schadensminderung bereits vorhanden, so muss die jeweilige Auswahlmöglichkeit angekreuzt werden

A Informationen zur Lage

A.2 Informationen zum Hochwasser- und Starkregenrisiko

[1] Zürs Zone:

kann beim Versicherungsunternehmen erfragt werden

[2] Überflutungstiefe:

in den Hochwassergefahrenkarten sind Überflutungstiefen zu dem jeweiligen Hochwasserereignis (z. B. HQ_{extrem}) angegeben; diese Werte sagen aus, wie hoch der Wasserstand auf dem eigenen Grundstück bei einer Überflutung sein wird; bei der Errichtung von Schutzmaßnahmen kann festgelegt werden, bis zu welchem Hochwasserereignis und bis zu welcher Überflutungstiefe das Grundstück bzw. das Haus geschützt werden soll

[3] Topografische Lage:

bei einer Lage unterhalb eines Hangs, die Auswahlmöglichkeit "Senke" ankreuzen

[4] Geländeoberkante (GOK):

diese Angabe kann aus dem Baugesuch oder aus den Hochwassergefahrenkarten entnommen werden

[5] Abstand GOK zu Fußbodenoberkante EG:

dies kann anhand der Höhe zur Eingangstür abgeschätzt oder abgemessen werden

[6] Angrenzende Straße über GOK:

auch bei einer Hanglage ankreuzen

B Informationen zum Objekt

B.1 Art und Ausführung des Gebäudes

[7] Gebäudetyp:

ein freistehendes Haus hat keine direkte Verbindung (z. B. eine gemeinsame Hauswand) zu einem Nachbargebäude

[8] Dachform:

bei einer anderen Dachform die ähnlichste Dachform auswählen (z. B. bei Mansarddach die Auswahlmöglichkeit "Satteldach" ankreuzen)

B.2 Ausstattung und Nutzung

[9] Betroffene Bereiche:

bei einer anderen Nutzung die ähnlichste Nutzung auswählen (z. B. bei Fitnessraum die Auswahlmöglichkeit "Werk- oder Hobbyraum" ankreuzen);

zur Angabe, ob ein Bereich betroffen sein kann, an der Überflutungstiefe von HQ_{extrem} orientieren

B.3 Wassereintrittsmöglichkeiten ins Gebäude

[10] Kellerwände, Außenwände:

Grundwasser kann über die Wände ins Gebäude eindringen; Anzeichen für Undichtigkeiten sind Ausblühungen oder Feuchteflecken an den Wänden, eventuell lösen sich Wandverkleidungen (Tapete, Putze) ab

[11] Umlauf von Hausdurchführungen, undichte Fugen, Lüftungsöffnungen:

Wasser kann über undichte Stellen ins Gebäude eindringen; Anzeichen für Undichtigkeiten sind Rinnsale an den Wänden, Fehlstellen zwischen Bauteilen (Wand-Decke, Wand-Fußboden) oder deutliches Eindringen von Wasser über Hausdurchführungen

[12] Kellersohle, Durchsickerung Bodenplatte:

Grundwasser kann über die Wände ins Gebäude eindringen; Anzeichen für Undichtigkeiten sind Feuchteflecken am Boden, eventuell lösen oder verformen sich Fußbodenabdeckungen (Laminat, Fliesen)

[13] Kanalisation:

Wasser kann bei einem Kanalrückstau z. B. über das WC, Waschbecken oder über Bodenabläufe in das Haus eindringen; überprüfen, ob eine Rückstausicherung im oder unmittelbar vor dem Haus vorhanden ist

[14] Kellerfenster, Lichtschächte, Kellertüren, Fenster, Türen:

Oberflächenwasser kann über Gebäudeöffnungen ins Gebäude eindringen; befinden sich Gebäudeöffnungen in Bodennähe oder liegen unterhalb der höchsten Überflutungstiefe, stellen diese eine Gefahrenstelle dar

[15] Undichte Dachhaut, defekte Regenrohre:

bei einem Starkregenereignis kann Wasser über das Dach oder einer überlasteten Entwässerung ins Gebäude dringen; Anzeichen dafür sind Feuchteflecken am Dach oder an Wänden hinter Ablaufrohren

C Informationen zu Vorsorgemaßnahmen

C.1 Öffentliche Vorsorge

[16] Öffentl. Hochwasserschutzeinrichtungen:

ob sich öffentl. Hochwasserschutzeinrichtungen in der Umgebung befinden und das eigene Haus schützt, kann bei der jeweiligen Kommune/Gemeinde erfragt werden

C.2 Private Vorsorge

Allgemeine Bauvorsorge

[17] Hochwasserangepasste Bauweise:

eine Weiße oder Schwarze Wanne kann bei einem Bestandsgebäude nicht nachgerüstet werden, sie kann aber bereits vorhanden sein; alle anderen Auswahlmöglichkeiten können im Bestand nachgerüstet werden

Kellergeschoss, EG/OG

[18] permanente Schutzmaßnahmen:

sind stationäre Systeme, die unmittelbar nach der Errichtung einsatzbereit sind und müssen im Einsatzfall nicht gesondert aktiviert werden

[19] automatische Schutzmaßnahmen:

sind festmontierte Schutzeinrichtungen, die sich selbsttätig aktivieren

[20] teilmanuelle Schutzmaßnahmen:

sind festmontierte Systeme und müssen manuell aktiviert werden. Weitere Schritte sind nicht erforderlich

[21] manuelle Schutzmaßnahmen:

sind mobile Systeme, die im Einsatzfall erst noch vor Ort aufgebaut und montiert werden müssen; für dieses System sind lediglich konstruktive Vorbereitungen (z. B. Befestigungen) vorhanden, soweit diese erforderlich sind

Standort:		Punkte
Wohnlage	innerstädtisch	0
	ländlich	5
Gewässer	Ja	0
	Nein	15
ZÜRS Geo Zone oder HQ	4 / HQ10	0
	3 / HQ50	5
	3 / HQ100	10
	2 / HQextrem	15
Topograf. Lage	Senke	0
	Hang	5
	Ebene	0
	Anhöhe	10
Abstand GOK zu FOK EG	< 15 cm	0
	15-25 cm	5
	> 25 cm	15
Straße über GOK	Ja	0
	Nein	5
Oberflächenwasser	20 cm	0
	50 cm	5
	80 cm	10
	1,00 m	15
Nachbargrundstück	Ja	0
	Nein	5
Außenbereich	Ja	0
	Nein	5
	Zielwert für Standort	**75**

Objekt:		Punkte
frei stehend		0
Reihendendhaus/Doppelhaushälfte		1
Reihenmittelhaus		2
Unterkellerung	Ja	0
	Nein	17
Bauweise KG	Lehmbau	0
	Fertigteil-Leichtbau	1
	Holzfachwerkbau	2
	Mauerwerksbau	5
	Stahlbetonbau	7
Bauweise EG	Lehmbau	1
	Fertigteil-Leichtbau	2
	Holzfachwerkbau	3
	Mauerwerksbau	4
	Stahlbetonbau	6
Dach	Flachdach	1
	Pultdach	2
	Satteldach	3
Dachentwässerung	außenliegend	3
	innenliegend	0
Betroffene Bereiche	Wohnraum	0
	Gewerbe	0
	Büro	0
	Heizung/Technik	0
	Lager	2
	Abstellraum	2
	Waschküche	0
	Werken/Hobby	0
Ölheizung	Ja	0
	Nein	15
Wasser in KG	Wände	0
	Sohle	0
	Kanalisation	0
	Lüftungsöffnugnen	0
	Hausdurchführungen	0
	Fugen	0
	Fenster, Lichtschacht	0
	Türen	0
Wasser EG/OG	Außenwand	0
	Bodenplatte	0
	Kanalisation	0
	Lüftungsöffnungen	0
	Dach	0
	Fugen	0
	Hausdurchführungen	0
	Fenster	0
	Türen	0
	Regenrohre	0
	Zielwert für Objekt	**50**

Vorsorgemaßnahmen:		Punkte
Öffentl. Vorsorge	Keine	0
	Talsperre	3
	Rückhaltebecken	3
	Pumpwerk	3
	Polder	3
	Umleitung	3
	Deich	3
	Schutzwand	3
	Andere	3
Hochwasserang. Bauweise	Keine	0
	Weiße Wanne	5
	Schwarze Wanne	4
	Abdichtung außen	3
	Abdichtung innen	3
Absicherung Kanalrückstau	Ja	5
	Nein	0
	Rückstauklappe	0
	Hebeanlage	1
Sicherung Öltank	Ja	5
	Nein	0
	Raumsicherung	1
	Tanksicherung	0
Druckwasserdichte Hauseinführung	Ja	3
	Nein	0
Fugen abgedichtet	Ja	3
	Nein	0
Schutz Grundstück	Ja	3
	Nein	0
	Verwallung	1
	Schwelle	1
	Flutmulden	1
	Schutzmauer	1
	Gefälle	1
	Andere	1
Kellerfenster	Ja	2
	Nein	0
	permanent	2
	vollautomatisch	2
	teilmanuell	1
	manuell	0
Lichtschacht	Ja	2
	Nein	0
	<15 cm	0
	15-25 cm	1
	>25 cm	2
	permanent	2
	vollautomatisch	1
	teilmanuell	1
	manuell	0
Kellertüren	Ja	2
	Nein	0
	permanent	2
	vollautomatisch	2
	teilmanuell	1
	manuell	0
Kellerabgang	Ja	2
	Nein	0
	permanent	2
	vollautomatisch	2
	teilmanuell	1
	manuell	0
Fenster EG/OG	Ja	2
	Nein	0
	permanent	2
	vollautomatisch	2
	teilmanuell	1
	manuell	0
Türen EG/OG	Ja	2
	Nein	0
	permanent	2
	vollautomatisch	2
	teilmanuell	1
	manuell	0
Tore EG	Ja	2
	Nein	0
	permanent	2
	vollautomatisch	2

A.2   Vorsorgende Schutzmaßnahmen

A.2.1 Vorsorge- und Schutzmaßnahmen im Neubau und im Bestand

ALLGEMEINE BAUVORSORGE	
NEUBAU UND BESTAND	

<table>
<tr><td colspan="2">

Allgemeine Vorsorgemaßnahmen im und am Gebäude
- Fundamente durch Spundwände oder Steinschüttungen sichern
- verstärkte Ausführung von Stützen, im unteren Bereich Stahlbetonsockel verwenden (teilweise im Bestand möglich)
- Verstärkung von direkt beanspruchten Leitungen mittels Vormauerung oder widerstandsfähiger Rohre
- Pumpensumpf vorsehen

Nachgeben
- Flutung mit sauberem Wasser bei Gefährdung durch Auftrieb oder Wasserdruck
- hochwasserangepasste Bauweise (siehe Baustoff- und Bauteilkatalog) und Nutzung

</td></tr>
<tr><td>

NEUBAU

</td><td>

BESTAND

</td></tr>
<tr><td>

Allgemeine Vorsorgemaßnahmen
- Fundamentunterkante 1 m tiefer als zu erwartende Erosionsbasis (z. B. mittels Bohrpfählen)
- Ausführung von Platten- oder Trägerrostfundamenten (Kräfteumlagerung bei Unterspülung besser als bei Streifen- oder Punktfundamenten)
- Standsicherheit während Bauphase gewährleisten
- Schutz der Gründungssohle vor Auftrieb (Schwergewichtsbeton, Verankerung)
- Verankerung z. B. mittels Verpress- oder Zugankern oder Kleinbohrpfählen
- Ausführung der Geschossdecken aus Stahlbeton oder Stahlkonstruktion (Feststoffablagerung)
- Verringerung der Spannweiten der Deckenelemente durch Unterzüge, Mauern oder Stützen
- Verstärkte Ausführung der Außenwände, v. a. der Prallwand

Ausweichen
- Bau ohne Keller
- erhöhte Bauweise
- Hauseingänge an der strömungsabgewandten Seite vorsehen

</td><td>

Allgemeine Vorsorgemaßnahmen
- Unterspülung kann durch nachträglich vorgesetzte Betonwand vor Fundamente vermindert werden
- Verstärkung der Außenwand durch Vorsatzschalen aus Stahlbeton (Schutz gegen Anprall)
- Abstützen der Deckenelemente mittels Unterzügen

Ausweichen
- anheben des Gebäudes oder von Gebäudeteilen mittels hydraulischer Pressen, Abstützung des neuen Zwischengeschosses über Stützen und Außenmauern, günstige und effiziente Variante für leichte Holzkonstruktionen

</td></tr>
</table>

BAUWERKSABDICHTUNG	
NEUBAU UND BESTAND	

Schutz vor Bodenfeuchtigkeit und nichtstauendem Sickerwasser
- Abdichtungen mit Bitumendickbeschichtungen, wasserdichte Schweißbahnen auf Bitumenbasis, wasserdichte Kunststoffbahnen
- Abdichtung 30 cm über höchsten Grundwasserstand bei nichtbindigen Böden führen, 30 cm über GOK bei bindigen Böden

Schutz vor Oberflächenwasser
- außen: Anbringen von Schalbrettern oder Dammsystemen vor Mauerwerk, damit dieses nicht durchfeuchtet wird (auf Unterströmung und Wasserdruck achten)
- innen: Abdichtung auf Estrich anbringen, um Wassereintritt dahinter zu verhindern, Bewegungsfugen, Wand-Boden-Anschlüsse sowie bei Rohrdurchführungen Dichtbänder einbetten

NEUBAU	**BESTAND**

Schutz vor Bodenfeuchtigkeit und nicht-stauendem Sickerwasser
- Abdichtungen
- Dränung (wird nur bei schwach durchlässigen Böden verwendet)
 	
Schutz vor Grundwasser und aufstauendem Sickerwasser
- Weiße Wanne
  - Ausbildung der Außenwände und Bodenplatte als geschlossene Wanne aus wasserundurchlässigem Beton
  - sorgfältige Ausführung von Arbeits- und Dehnfugen (außen- oder innenliegende Fugenbänder aus Kunststoff, Fugenbleche, Injektionsmaßnahmen, Quellfugenbänder etc.)
  - sorgfältige Planung und Bemessung notwendig
  - Undichtigkeiten leicht lokalisierbar
  - nachträglich nicht realisierbar
  - hält im Durchschnitt 60 bis 80 Jahre
- Schwarze Wanne
  - geeignet für komplizierte Gebäudegeometrien
  - Abdichtung mit Bitumen- oder Kunststoffbahnen
  - besondere Berücksichtigung von
	Schutz vor Bodenfeuchtigkeit und nicht-stauendem Sickerwasser
	- nachträgliche vertikale Abdichtung außen (Schwarze Wanne, Noppenfolie)
	  - technisch und finanziell aufwändiger als bei Neubauten, da Bauwerk freigelegt werden muss und oft Untergrundvorbehandlung notwendig
	- nachträgliche horizontale Abdichtung
	  - mechanische Verfahren werden am häufigsten ausgeführt (meist Blecheinschlag- oder Mauersägeverfahren, selten Maueraustausch- oder Kernbohrverfahren), Voraussetzung, dass Standsicherheit nicht gefährdet wird
	  - Injektionsverfahren (Alkalisilikate, Methacrylatgele, Polyurethan-Harze) verstopft, verengt oder mach Kapillarporen wasserabweisend, Wirksamkeit abhängig von Wassergehalt d. MW, Porenvolumen, Lochsteine oder Fehlstellen, Versalzungsgrad
	- nachträgliche Innenabdichtung mittels Injektionsverfahren
	  - nur, wenn Außenabdichtung z. B. aufgrund angrenzender Bauwerke nicht ausgeführt werden kann
	  - Flächeninjektion (rasterförmige Abdichtung im Bauteil) oder

Bewegungsfugen, Durchdringungen und Anschlüssen
- Undichtigkeiten nicht lokalisierbar (Umläufigkeiten), aufwendige Sanierung
- hält im Durchschnitt 30 Jahre
- Braune Wanne (selten im privaten Hausbau)
  - Matten aus Geotextil mit Bentonit-Füllung
- Noppenbahnen bzw. -folien aus hochwertigem Polyethylen
  - wetterunabhängig, gleichmäßige Wasserabführung, Belüftung der Hinterwand
  - muss fachgerecht verlegt werden
	Schleierinjektion (kann Bauteil austrocknen, da Schleier auf der Außenseite)
	
	<u>Schutz vor Grundwasser und aufstauendem Sickerwasser</u>
	- Abdichten von Fehlstellen oder Fugen (zwischen Bodenplatte/Kellerdecke und Wand) mittels Injektion
	- Innentrogabdichtung zur Sicherstellung der Auftriebssicherheit mit Bitumenbahnen und Betoninnentrog, sehr kostenaufwändig, vermindert Raumhöhe, Möglichkeit Kellersohle zu entfernen und Innentrog tiefer legen
	- Fußbodenaufständerung durch Gefälleestrich auf Kellersohle in Räumen untergeordneter Ordnung, Raumhöhe geht verloren, durch Sohle gelangt weiterhin Wasser in Keller

ABDICHTUNGS- UND SCHUTZMASSNAHMEN VON GEBÄUDEÖFFNUNGEN

NEUBAU UND BESTAND

<u>Allgemeine Hinweise</u>
- Abdichtungs- und Schutzmaßnahmen von Gebäudeöffnungen verhindern Eindringen des Wassers ins Gebäude
- sie sind i. d. R. kostengünstiger und einfacher zu realisieren als Maßnahmen im Außenbereich
- Voraussetzung Standsicherheit, Wasserbeständigkeit und Wasserdichtigkeit der Außenwände
- Wirksamkeit abhängig von Vorhersehbarkeit und Länge der Vorwarnzeit
- permanente oder vollautomatische Maßnahmen bieten größten Schutz bei kurzen Vorwarnzeiten
- temporär konstruktive manuelle Maßnahmen benötigen keine besondere techn. Detailkenntnisse und geringen materiellen Aufwand, können spontan ergriffen werden, deutlich höhere Vorbereitungszeit, Schutz durch Rückhalt von Wasser und Schlamm, nicht gegen Feststoffkomponenten
- manuelle Systeme mit permanent installierten Elementen haben gute Wirkung gegen Wasser- und Schlammeintritt, Grenzen für starken Geschiebetransport und Anprall
- teilmanuelle Systeme müssen händisch geschlossen oder ausgelöst werden, benötigen aber keiner Verschraubung oder ähnliches, manuelle Systeme benötigen eine längere Anbringungsdauer aufgrund händischer Schließmechanismen

<u>Permanente Schutzmaßnahmen</u>
- Fenster, Türen, Tore
  - druckdichte oder hochbeständige Fenster und Türen (verhindern Einströmen von Wasser aber auch Belüftung der Räume im geschlossenen Zustand, hochwasser-

druckdicht)
- wasserdichte, verstärkte Fenster und Türen außen anschlagen, also nach außen öffnend, Anpressdruck drückt Fensterblatt auf Rahmen bzw. in Dichtung
- verstärkte Dichtungen am Fenster verzögern Eindringen von Wasser durch Fugen
- Fenster und Türen von außen anschlagen
- hochwasserbeständige Garagenschwingtore bis 1,60 m Wassertiefe
- Lichtschächte
  - hochwasserbeständige Lichtschächte (Stahlbeton, glasfaserverstärkter Kunststoff, außen Dichtsatz) (Rückstausicherung am Grundablass, damit kein Grundwasser eintreten kann), wasserdichte Hülle muss Lichtschächte umfassen
  - wasserdichter Verschluss mittels Glasdach (druckwasserdichter Anschluss obligatorisch)
  - Abdichtung mittels Glasbausteinen als wasserdichte Bauweise von Kellerlichtschächten, Ausführung mit Lüftungsgittern möglich, Abdeckung im Hochwasserfall manuell
  - Aufkantungen an Lichtschächten, oben 15-30 m über GOK, unten ca. 15 cm unter Fenster, Öffnungen für Ablauf, Erhöhung in Kombination mit Umgebungsgestaltung (Sitzbänke)
- Kellerabgänge, Rampen
  - Überdachung von Kellereingängen
  - Aufkantung am oberen Kellerabgang, z. B. durch Stufe
  - Zufahrt zu Garage im Keller durch Anstieg oder Schwelle erhöhen

Vollautomatische Schutzmaßnahmen
- Fenster, Türen und Tore
  - druckwasserdichte Fensteraufsätze, die im Überflutungsfall selbsttätig schließen
  - Barrieren und Sperren, die automatisch auslösen
  - Klappschotte, die aufschwimmen oder mit Antrieb funktionieren
  - Rollschotts mit Antrieb
  - wasserdichte Rollladen verwenden
  - Automatismen zum Schließen von Öffnungen (Regensensor)
- Lichtschächte
  - Aufsatz ähnlich wie ein kleiner Wintergarten, schließt mittels Regensensor Dach automatisch
- Kellerabgänge/Rampen
  - großflächige Schutztore mit automatischem Auslöser

Teilmanuelle Schutzmaßnahmen
- Fenster, Türen und Tore
  - druckwasserdichte Vorsatzscheibe, die manuell geschlossen wird
  - druckwasserdichte Vorsatztüren, manuell schließbar
  - Hochwasserschutztore schwenk- oder schiebbar, Verankerung seitlich oder im Boden, händisch oder hydraulisch schließbar
- Lichtschächte
  - Abdeckung bzw. Überdachung von Lichtschächten (bewegliche Stahlabdeckung mit Gummidichtung, im Alltag natürliche Beleuchtung und Belüftung möglich)
- Kellerabgänge, Rampen
  - teilautomatische Barrieren und Sperren, die manuell ausgelöst werden
  - kleinflächige und großflächige Schutztore mit manueller Verriegelung

<u>Manuelle Schutzmaßnahmen</u>
- Fenster, Türen und Tore
  - Dammbalkensysteme bei höheren Wasserständen, Dichtung an Unterseite, regelmäßige Übung und Lagerung in unmittelbarer Nähe zum Einsatzort
  - dauerhaft installierte Fensterklappen, Rahmen um abzudichtende Gebäudeöffnung, an Rahmen hängt Klappe, wird im Bedarfsfall hochgeklappt und fest verschraubt
  - Abdichtungssysteme als passgenau zugeschnittene Einsatzelemente für Eingangs- oder Fensteröffnungen, diverse Ausführungen möglich (Metallplatten, Dichtkissen)
  - Schotts aus Alu oder Edelstahlprofilen werden in Führungsschienen gesetzt, lichtundurchlässig, höherer Anprallwiderstand
  - vorgesetzte Dichtfenster werden in bestehenden Fensterrahmen eingesetzt, lichtdurchlässig
  - Behältersysteme mit Wasser gefüllt, zeitaufwändiger, gute Dichtheit an Wänden und Mauern, Prallschutz mit Aluarmierung an Außenseite, längere Wände werden mit Eisenstangen verbunden
  - Teleskop-Rahmen, Stahlrohrrahmen in Breite verstellbar, mit einer flexiblen Kunststoffmembran bespannt, dauerhafte Befestigungen sind nicht erforderlich
  - Schaltafeln oder stabile Bretter mit wasserdichter Folie abgedeckt vor Fensteröffnungen, Lichtschächten, Türen und Toren (davor Sandsäcke zur Stabilisierung)
  - Schaltafeln bzw. Bretter können mit Dichtungsprofilen und Dichtungsmassen in abzudeckende Öffnungen eingepasst werden
  - temporäre Mauerwerke mit Ziegeln, Wirkung ist erst nach Abbinden des Mörtels gegeben, zusätzlich Kunststofffolie außen auf Mauerwerk und mit Sandsäcken beschwert
  - Sandsacksysteme bei geringen Wasserüberständen, Breite mindestens dreimal so hoch wie Höhe
- Lichtschächte
  - Abdeckung mit Schaltafeln oder Brettern (siehe oben)
- Kellerabgänge, Rampen
  - Dammbalkensysteme

NEUBAU	**BESTAND**
<u>Permanente Schutzmaßnahmen</u> - Aufkantung an Türschwelle von Kellereingängen - Türen und Fenster abdichtbar vorsehen - Tür- und Fensteröffnungen höher legen	<u>Allgemeine Hinweise</u> - permanente Maßnahmen i. V. m. temporär konstruktiv Schutzmaßnahmen können in den meisten Fällen bei bestehenden Gebäuden nachgerüstet werden <u>Permanente Schutzmaßnahmen</u> - dauerhaftes Verschließen von Öffnungen (z. B. durch Zumauern) <u>Mobile Schutzmaßnahmen</u> - wasserdichte Fensterläden aus Stahl, Edelstahl oder Holz

<table>
<tr><td colspan="2">

HAUSDURCHFÜHRUNGEN

</td></tr>
<tr><td colspan="2">

NEUBAU UND BESTAND

</td></tr>
<tr><td colspan="2">

<u>Allgemeine Hinweise</u>
- druckwasserdichte Hausanschlussöffnungen (Dichtungsmanschetten, Flanschrohre)
- Dichtungsmanschetten dichten Spalt zwischen Rohr und Wandöffnung ab
- Flanschrohre sind wasserdicht mit Dichtung der Wand verbunden
- üblicherweise eine Dichtung innen und eine außen

</td></tr>
<tr><td>

NEUBAU

</td><td>

BESTAND

</td></tr>
<tr><td>

- vorgefertigte Dichtungssysteme

</td><td>

- Sanierung von Rohrdurchführungen (Strom, Gas, Öl, Abwasser), Schadensstelle freigraben und abdichten

</td></tr>
</table>

<table>
<tr><td colspan="2">

RÜCKSTAUSICHERUNG UND GEBÄUDEENTWÄSSERUNG

</td></tr>
<tr><td colspan="2">

NEUBAU UND BESTAND

</td></tr>
<tr><td colspan="2">

<u>Allgemeine Hinweise zur Rückstausicherung</u>
- Verpflichtung zum Schutz gegen Rückstau
- Rückstausicherung durch Rückstauklappen, Absperrschieber oder Abwasserhebeanlagen
- Rückstauschlüsse kommen nur unter best. Voraussetzung zum Einsatz
- Rückstauklappen sind selbsttätig und/oder manuell verschließbar
- Hebeanlage bei hochwertiger Gebäudenutzung, Absperreinrichtungen bei geringwertiger Nutzung
- Absperreinrichtungen können in Entwässerungsgegenstand integriert sein (z. B. Bodenabläufe) oder werden in Rohrleitungen eingebaut
- Hebeanlagen bieten besseren Schutz vor einer Überflutung, da diese selbst bei Pumpendefekt Überflutung verhindern, bei Rückstauklappen besteht immer ein Restrisiko

<u>Weitere Maßnahmen im Gebäude</u>
- Abdichten des Abwassersystems mittels Folien oder Dichtmassen und Abstemmen von Kanthölzern an Raumdecke bzw. mit Sandsäcke beschwert
- Ausgüsse, Abläufe von Bade- und Duschwannen sowie WC-Schüsseln abdichten mit Lappen und Sandsäcken
- aufblasbare Absperrvorrichtungen für Bodenabläufe
- wasserdichte Auf- oder Einsatzelemente
- Überlaufsicherung in Form von Druckdeckeln oder Stahlzylinderaufsätzen

<u>Maßnahmen zur Gebäudeentwässerung</u>
- Kellerabgang oder Garagenzufahrt mit Entwässerungsrinne versehen, Versickerung oder rückstausicherer Anschluss an Kanalisation
- Notsystem (Überlauf Regenrinne, Rückstau Flachdach, insb. innenliegende Entwässerung)

</td></tr>
<tr><td>

NEUBAU

</td><td>

BESTAND

</td></tr>
<tr><td>

- auf innenliegende Entwässerung verzichten

</td><td>

- entfernen von Entwässerungseinrichtungen im Untergeschoss (Waschbecken, Toiletten, Bodenabläufe) und verschließen

</td></tr>
</table>

HAUSTECHNIK

NEUBAU UND BESTAND

Allgemeine Maßnahmen
- Höherlegen der Steckdosen und Lichtschalter (über Bemessungshochwassergrenze)
- Stromkreisläufe getrennt abschaltbar bzw. gesichert installieren
- Haustechnik (Heizungsanlagen, Stromkasten etc.) in Obergeschossen oder über Bemessungshochwassergrenze hochwassersicher installieren
- alle Öffnungen (Entlüftung, Einfüllstutzen) wasserdicht ausführen oder über Ebene des Hochwasser-Spiegels ziehen
- Lüftungsschächte über Hochwasserniveau ziehen

NEUBAU	**BESTAND**
- Anschlüsse höher planen (Gas, Strom, Wasser) - auf Fußbodenheizung möglichst verzichten	

HEIZÖLTANKS

NEUBAU UND BESTAND

Tanksicherung
- Tank mit allen Anschlüssen und Öffnungen gegen Eindringen von Wasser sichern
- Tank mit entsprechenden Halterungen oder durch Abstützung gegen Auftrieb und Kippen sichern
- zur Bemessung des kritischen Lastfalls wird vom leeren Tank ausgegangen, ggf. mit statischer Berechnung
- Verankerung mit Stahlbändern in Betonfundamentplatte oder Abstützung zur Decke
- Sicherung mit Kanthölzern und/oder hydraulischen Pressen (z. B. Wagenheber) an der Decke bzw. an den Wänden verstrebt
- Entlüftungsleitungen über Bemessungshochwassergrenze führen

Raumsicherung
- Absicherung der Raumöffnungen vor Eindringendem Wasser (siehe Schutzmaßnahmen von Gebäudeöffnungen)

Sonstige Sicherung
- falls Sicherung nicht möglich, Auffüllen des Tanks mit Wasser (Trennung kostengünstiger als Schäden)
- auf Nachweise des Tankherstellers achten, dass der Tank dem Wasserdruck standhalten kann

NEUBAU	**BESTAND**
- Verzicht auf Ölheizung	- Umstellung auf anderen Energieträger

DACHABDICHTUNG UND DACHDECKUNG

NEUBAU UND BESTAND

Allgemeine Hinweise
- Dachbegrünung intensiv (auch Bäume möglich) oder extensiv (Moosbegrünung), Versickerung von Niederschlag auf dem Dach möglich, reduziert Regenwasserabfluss
- Lichtkuppeln, Lichtbänder oder Dachflächenfenster mit ausreichend Überstauhöhe einbauen bzw. nachrüsten

NEUBAU	BESTAND
- auf ausreichende Dachneigung und fachgerechte Ausführung achten	- extensive Dachbegrünung ist auch nachträglich an Dächern bis zu 45° Dachneigung möglich

SCHUTZMASSNAHMEN IM AUSSENBEREICH

NEUBAU UND BESTAND

Allgemeine Hinweise
- Maßnahmen außerhalb von Gebäuden sinnvoll bei häufiger Überschwemmungswahrscheinlichkeit oder Aufweisen eines hohen Schadenpotenzials
- Erhaltung der Flächen in möglichst ursprünglichem Zustand
- standortgerechte, ausdauernde, abflusshemmende Bepflanzung (Hecken, Bäume)
- Gartengestaltung ohne abflusshemmende Elemente (z. B. Hügel)
- Sicherung gegen Erosion und Strömung
- Verzicht auf Flächenbefestigung/Versiegelung (bzw. Rückbau)
- Pumpensumpf vorsehen

Stationäre Hochwasserschutzanlagen
- Erddämme, Mauern (Schutz d. Gebäudes oder zur Ablenkung), Spundwände
- Herstellen von Bodensenken zur Versickerung bei ausreichend Fläche
- Teiche als Sicker- oder Retentionsfläche
- Durchleiten des Wassers über Terrainrinnen
- Abflussführung in risikoarme Grundstücksbereiche (im Bestand bedingt möglich)
- Einbau einer Sickerleitung mit Schachtöffnung an angrenzende Wiesen- oder Nachbarsflächen
- Bodenschwelle mit Neigung > 10 %, davor 3 m Fläche, Abdichtung, damit Wasser nicht durchsickern kann

Teilmobile Hochwasserschutzwände
- mobile Dammbalkensysteme mit ortsfester Halterung, eingelassene Fundamente zur Verankerung, fest installierte Stützen mit Führungsschienen
- nur wirksam, wenn keine Unterströmung (Oberflächen- und Grundwasser) und Rückstau stattfindet

Mobile Hochwasserschutzwände
- transportable Schutzelemente, Dammbalken, aus statischen Gründen meist nur bis 2,5 m hoch, zusätzliche Abstützung durch Stahlkonstruktion oder durch Hauswand selbst, mehrere hundert Meter lange Dammbalkenwände möglich

- Damm aus Sandsäcken bei geringen Wasserüberständen, einfachste und preiswerteste Lösung
- Schlauchsysteme mit Wasser gefüllt, schneller temporärer Schutz, auf Unterströmungsschutz achten

Sonstige Maßnahmen
- Kleinkläranlagen gegen Auftrieb und Eindringen von Wasser sichern
- Sicherung von Erdtanks durch ausreichende Erdüberdeckung oder Betonplatten, Bemessung am leeren Tank
- Abdecken von Boden- oder Schachtöffnungen

NEUBAU	BESTAND
- Gefälle vom Gebäude weg	

SONSTIGE ALLGEMEINE HINWEISE

NEBENGEBÄUDE

- wie Gebäude (Standsicherheit, Abdichtung. Auftrieb, Eindringen von Wasser)
- kein Lagern von wassergefährdenden Stoffen
- hochwassersicheres Abstellen des PKW

WARTUNGEN

- Abdichtungen (Dach, Fassade, Schließvorrichtungen, Fenster, Türen) regelmäßig überprüfen
- Bauteile einer Sichtkontrolle unterziehen (z. B. Risse)
- Entwässerungssysteme und Rückstausicherungen regelmäßig warten

ORGANISATORISCHE VORSORGEMASSNAHMEN

- angepasste Nutzung in den überflutungsgefährdeten Bereichen
- Pumpen im Außen- und Innenbereich des Gebäudes zum Abpumpen des anfallenden Wassers
- Vorhalten eines Notstromaggregats
- mobile Hochwasserschutzsysteme vormontieren
- Notfallsystem (Sandsäcke, Bretter, Dichtmassen) vorhalten

SONSTIGE WASSERGEFÄHRDENDE STOFFE

- gesundheits-, wasser- und umweltgefährdende Stoffe aus dem Gefahrenbereich verlagern
- Kennzeichnung der Stoffe

Quelle: Bei dieser Auflistung handelt es sich um eine Zusammenstellung aus verschiedenen Büchern, Informationsbroschüren und eigenen Erkenntnissen. Diese sind:

BBK (Hrsg.) (2015); BBSR (Hrsg.) (2015); BMUB (Hrsg.) (2016); DWA (Hrsg.) (2016); Egli (2005), (2007); HAMBURG WASSER (Hrsg.) (2012); hanseWasser Bremen GmbH (Hrsg.) (2013); MURL (Hrsg.) (1999); Suda / Rudolf-Miklau (Hrsg.) (2012); Weller / Fahrion / Horn et al. (2016).

A.2.2 Maßnahmenkatalog für den Objektschutz

Maßnahmenkatalog für den Objektschutz

Rückstausicherung

Rubrik	Schutzmaßnahme	System	Wirk-samkeit	Kosten-rahmen	Bedarf an Reationszeit	Hinweis
Rückstau-sicherung	Rückstauklappe [1]	permanent	hoch	ca. 200 - 300 €	keiner	obligatorsich gemäß Entwässerungsgesetz, regelmäßige Wartung notwendig
Rückstau-sicherung	Abwasserhebenanlage [2]	permanent	hoch	ca. 1.000 - 3.000 €	keiner	obligatorsich gemäß Entwässerungsgesetz, regelmäßige Wartung notwendig

Gebäudeöffnungen

Rubrik	Schutzmaßnahme	System	Wirk-samkeit	Kosten-rahmen	Bedarf an Reationszeit	Hinweis
Lichtschacht	Wasserdichter Verschluss [3]	permanent	hoch	ab 1.000 €	keiner	druckwasserdichter Wandanschluss obligatorisch
Lichtschacht	konstruktive Erhöhung [4]	permanent	hoch	ca. 500 - 1.000 €	keiner	limitiertes Schutzniveau auf wenige Dezimeter
Kellerfenster	druckwasserdichte Fenster (selbsttätig schließend) [5]	vollauto-matisch	hoch	ca. 2.000 €	keiner	begrenzte, aber ausreichende Druckdichtigkeit
Fenster- & Tür-öffnungen	Klappschotte, aufschiwmmend oder mit Antrieb; Rollschotte [6]	vollauto-matisch	hoch	ab ca. 10.000 €	keiner	Schutzniveau begrenzt auf Schotthöhe

Fenster- & Tür-öffnungen, Garagen	automat. Barrieren & Sperren, automat. Auslösung [7]	vollauto-matisch	hoch	ab ca. 10.000 €	keiner	Schutzniveau begrenzt auf Barrierenhöhe
Garagen, Grundstücks-öffnungen	Klappschotte, aufschiwmmend oder mit Antrieb [8]	vollauto-matisch	hoch	ab ca. 5.000 €	keiner	Schutzniveau begrenzt auf Barrierenhöhe
Garagen, Grundstücks-öffnungen	großflächige Schutztore [9]	vollauto-matisch	hoch	ab ca. 10.000 €	keiner	Schutzniveau begrenzt auf Barrierenhöhe
Kellerfenster	druckwasserdichte Fenster (nicht selbsttätig schließend) [10]	teilmanuell	hoch	ab ca. 500 - 1.000 €	keiner	begrenzte, aber ausreichende Druckdichtigkeit
Kellertüren, Eingangstüren	druckwasserdichte Türen (nicht selbsttätig schließend) [11]	teilmanuell	hoch	ab ca. 1.000 €	kurz	begrenzte, aber ausreichende Druckdichtigkeit
Fenster- & Tür-öffnungen, Garagen	teilautomat. Barreien & Sperren, manuelle Auslösung [12]	teilmanuell	hoch	ab ca. 10.000 €	kurz	Schutzniveau begrenzt auf Barrierenhöhe
Türöffnungen, Garagen, Grundstücks-öffnungen	kleinflächige Schutztore (manuelle Verriegelung) [13]	teilmanuell	hoch	ab ca. 1.000 €	kurz	Schutzniveau begrenzt auf Barrierenhöhe
Garagen, Grundstücks-öffnungen	großflächige Schutztore (manuelle Verriegelung) [14]	teilmanuell	hoch	ab ca. 5.000 €	kurz	Schutzniveau begrenzt auf Barrierenhöhe

Rubrik	Schutzmaßnahme	System	Wirksamkeit	Kostenrahmen	Bedarf an Reationszeit	Hinweis
Fenster- & Tür-öffnungen, Kellerfenster	wasserdichte Fenster- & Türklappen [15]	manuell	hoch	ca. 800 - 1.500 €	ausgeprägt	Innen - & Außen-montage möglich, nur wirksam bei ausreichender Reaktionszeit
Fenster- & Tür-öffnungen, Kellerfenster	wasserdichte Auf- oder Einsatzelemente [16]	manuell	hoch	ca. 500 - 2.000 €	ausgeprägt	diverse Ausführungen (Metallplatten, Dichtkissen etc.), nur wirksam bei ausreichender Reaktionszeit
Fenster- & Tür-öffnungen	Barrieren & Sperren mit manueller Installation [17]	manuell	hoch	ab ca. 5.000 €	ausgeprägt	nur wirksam bei ausreichender Reaktionszeit, Schutzniveau ggf. begrenzt auf Barrierehöhe

Außenbereich

Rubrik	Schutzmaßnahme	System	Wirksamkeit	Kostenrahmen	Bedarf an Reationszeit	Hinweis
Eindeichung	Erddämme [18]	permanent	hoch	objekt-spezifisch	keiner	Schutzniveau begrenzt auf Barrierenhöhe
Eindeichung	Mauern ums Grundstück [19]	permanent	hoch	objekt-spezifisch	keiner	Schutzniveau begrenzt auf Barrierenhöhe
Eindeichung	Rampen oder Bodenschwellen als erhöhter Zugang [20]	permanent	hoch	objekt-spezifisch	keiner	Schutzniveau begrenzt auf Barrierenhöhe
Wasserrück-haltung	Sickerleitung bei angrenzenden Freiflächen [21]	permanent	mittel, gering	objekt-spezifisch	keiner	Schutz nur bis zu einer bestimmten Wassermenge, bei großem Oberflächenabfluss keine Wirkung

Wasserrück-haltung	Senke/Mulden als Versickerungs- und Retentionsflächen [22] 	permanent	hoch	objekt-spezifisch	keiner	nur bei ausreichender Grundstücksfläche möglich
Abfluss-leitung	Terainrinnen zur Regenwasserabflussleitung [23] 	permanent	mittel, gering	objekt-spezifisch	keiner	Schutz nur bis zu einer bestimmten Wassermenge, bei großem Oberflächenabfluss keine Wirkung
Boden-öffnungen	Abdeckplatte mit Dichtung (mit/ohne Verschraubung) [24] 	manuell	hoch, mittel	ca. 500 - 2.000 €	ausgeprägt	ohne Verschraubung nur in Ausnahmefällen geiegnet, nur Verschraubung gewährleistet Auftriebssicherheit

Quellen:

[1-17, 24] BWK (Hrsg.) (2013), S. 42-45.

[18] Garten Winkler (Hrsg.) (2017).

[19, 20, 21] Egli (2007), S. 90-99.

[22, 23] BBK (Hrsg.) (2015),S. 279 ff.

A.3 Beispiel 1: Kindergarten St. Nikolaus, Baltringen

A.3.1 Pläne

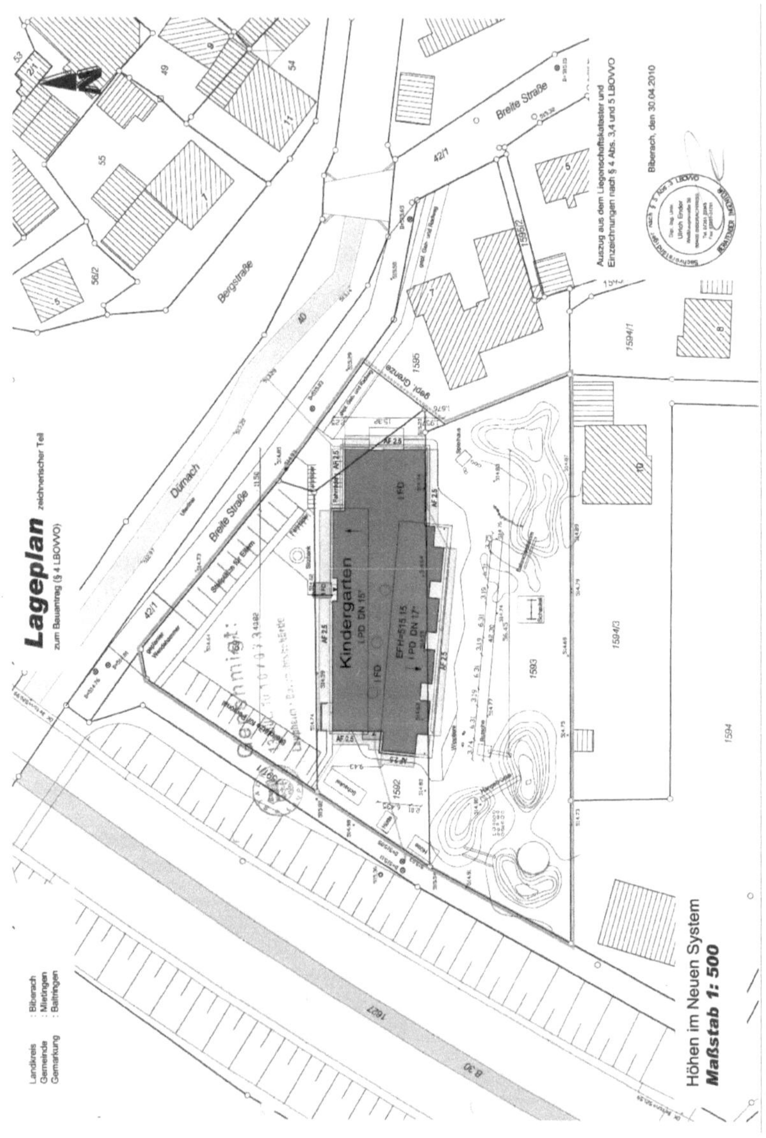

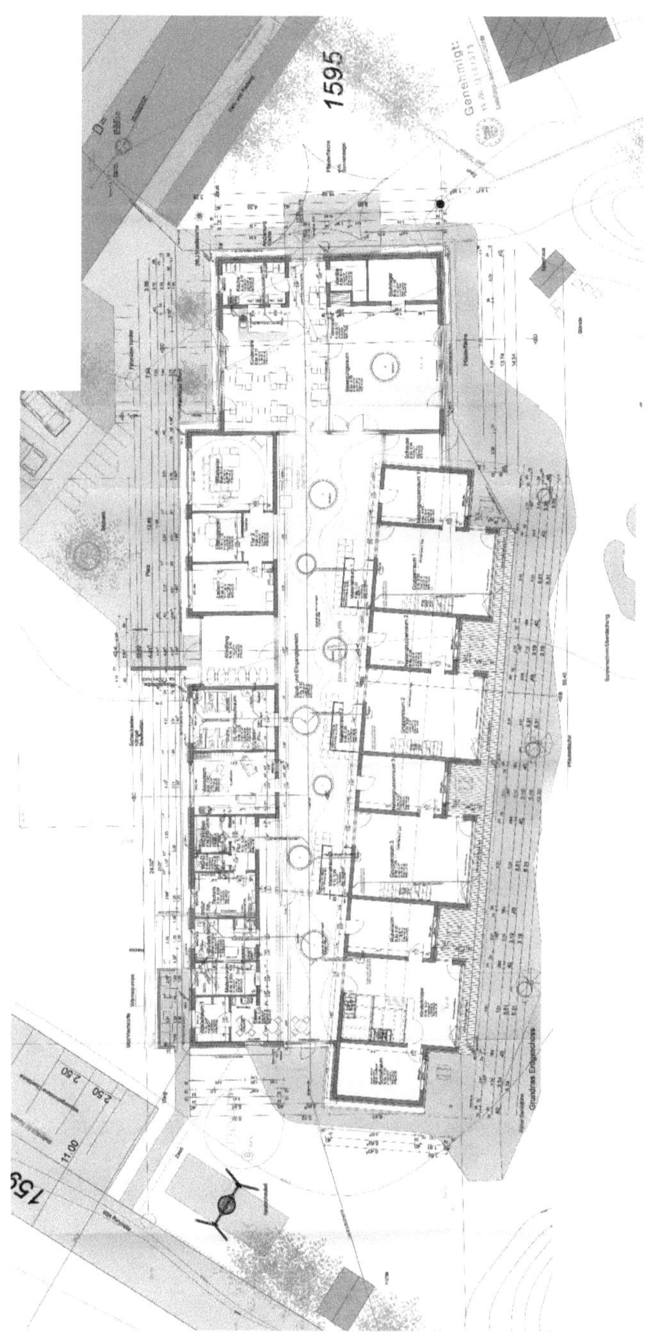

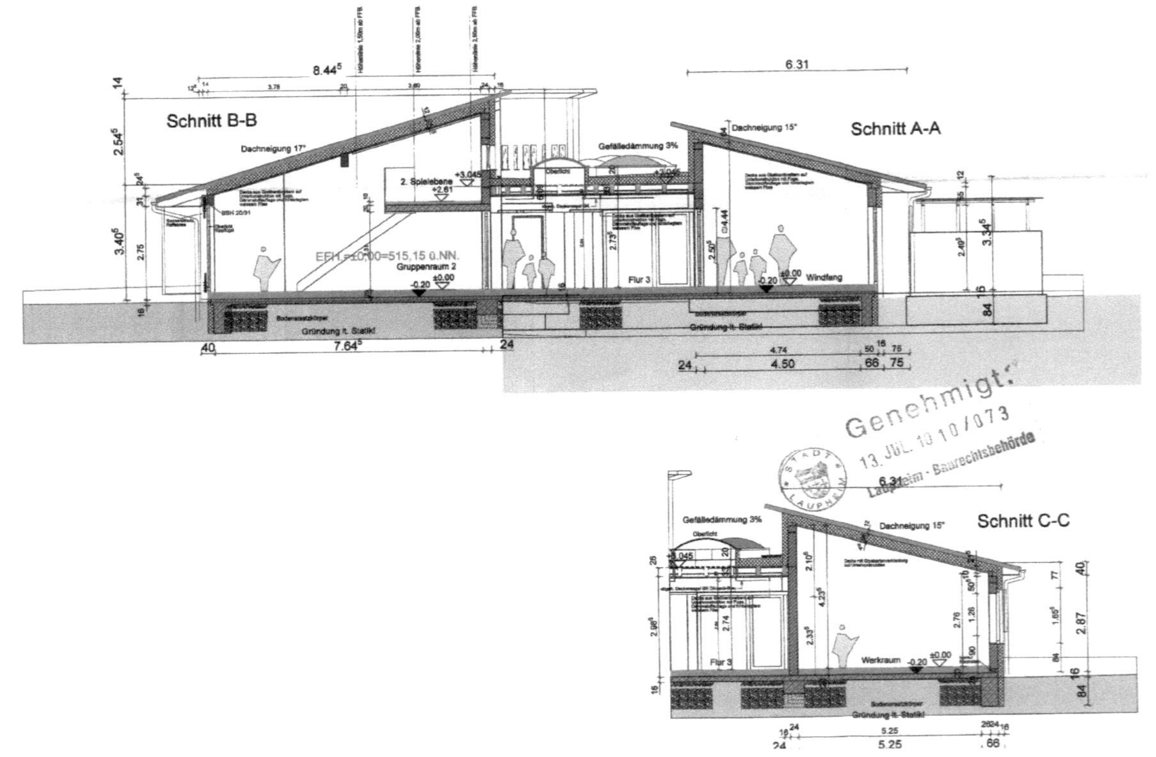

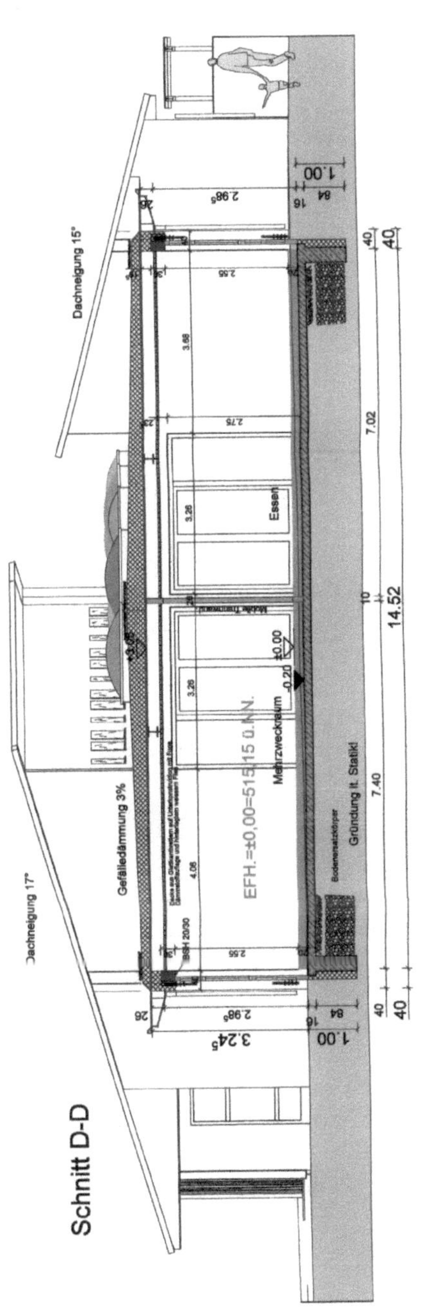

Schnitt D-D
Dachneigung 17°
Dachneigung 15°
Gefälledämmung 3%
BSH 20/30
EFH.=±0,00=515,15 ü.NN.
Mehrzweckraum
Essen
±0,00
-0,20
Bodenersatzkörper
Gründung lt. Statik
1.00
2.98⁵
3.24⁵
2.98⁵
40
40
84
16
7.40
7.02
14.52
4.06
2.55
3.66
2.75
3.26
3.26

A.3.2 Hochwasserrisikomanagement-Abfrage

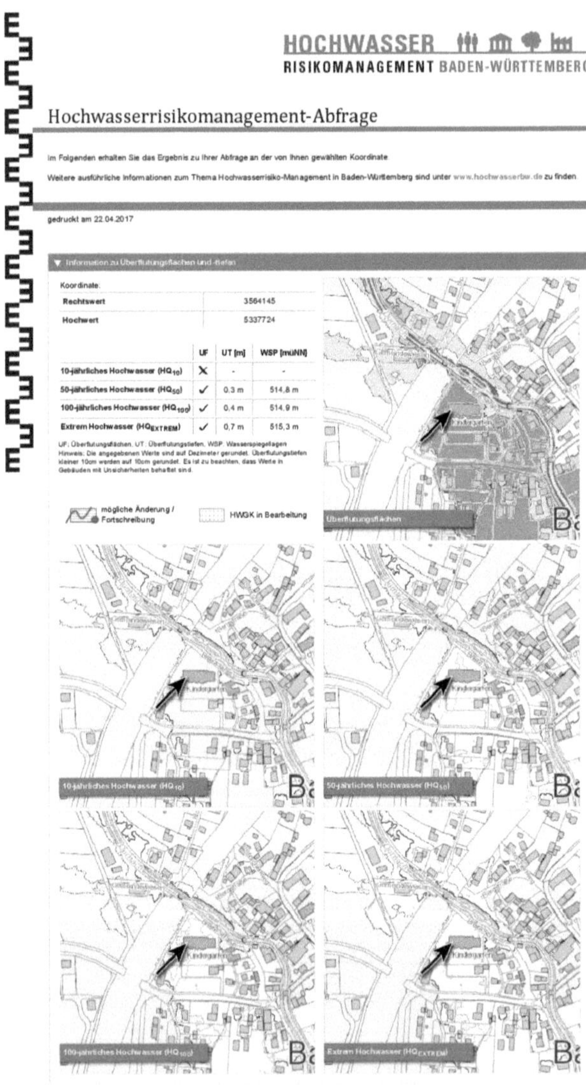

	UF	UT [m]	WSP [müNN]
10-jährliches Hochwasser (HQ$_{10}$)	✗	-	-
50-jährliches Hochwasser (HQ$_{50}$)	✓	0,3 m	514,8 m
100-jährliches Hochwasser (HQ$_{100}$)	✓	0,4 m	514,9 m
Extrem Hochwasser (HQ$_{EXTREM}$)	✓	0,7 m	515,3 m

UF: Überflutungsflächen, UT: Überflutungstiefen, WSP: Wasserspiegellagen
Hinweis: Die angegebenen Werte sind auf Dezimeter gerundet. Überflutungstiefen kleiner 10cm werden auf 10cm gerundet. Es ist zu beachten, dass Werte in Gebäuden mit Unsicherheiten behaftet sind.

Geländeinformation

der Hochwassergefahrenkarte   514,5 müNN

Hinweise:
- Digitales Geländemodell der Hochwassergefahrenkarte (HWGK-DGM). Es wurden alle hydraulisch relevanten Strukturen (z. B. terrestrisch vermessene Querprofile, Dämme und Durchlässe) in das DGM des Landes Baden-Württemberg eingearbeitet.
- Die angegebenen Werte sind auf Dezimeter gerundet. Es ist zu beachten, dass Werte innerhalb von Gebäuden mit Unsicherheiten behaftet sind.

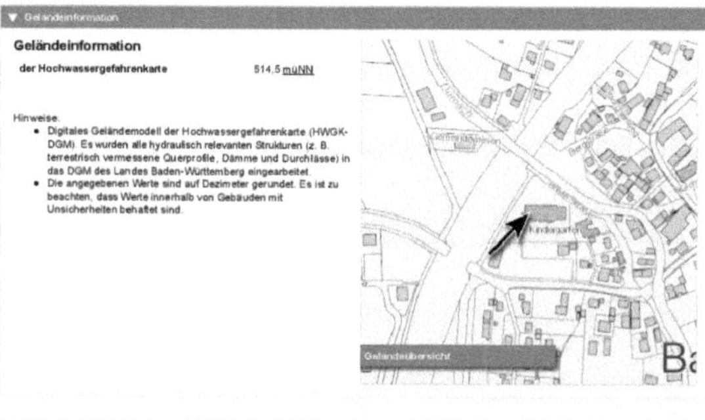

Zu der markierten Koordinate konnten folgende Dokumente gefunden werden:

Endfassung

Überflutungsflächen-Karte M 10.000
- HWGK_UF_M100_152108.pdf

Überflutungstiefen-Karte HQ100 M 10.000
- HWGK_UT100_M100_152108.pdf

Hochwasserrisikokarte (HWRK)

Hochwasserrisikobewertungskarte (HWRBK)

Hochwasserrisikosteckbrief (HWRSt)
- HWRK_GMD_8426073_Mietingen.pdf

Maßnahmenbericht – Allgemeine Beschreibung der Maßnahmen und des Vorgehens
- HWRM_Maßnahmenbericht_Allgemeine_Beschreibung_2015-12-02.pdf

Maßnahmenbericht – Anhang I: Maßnahmen auf Ebene des Landes Baden-Württemberg
- Anhang_I_2015-10-29.pdf

Maßnahmenbericht – Anhang II: Maßnahmen nicht kommunaler Akteure
- Bericht_21_Anhang2.pdf

Maßnahmenbericht – Anhang III: Verbale Risikobeschreibung und -bewertung
Der Anhang III setzt sich aus der verbalen Risikobeschreibung und -bewertung, den Maßnahmen der Kommune und dem zugehörigen Stand des Hochwasserrisikosteckbriefs für ein Gemeindegebiet zusammen.
- 8426073_Mietingen_A_verbale_Risikobewertung.pdf

Maßnahmenbericht – Anhang III: Maßnahmen der Kommunen
- 8426073_Mietingen_B_Tabellen.pdf

Maßnahmenbericht – Anhang III: Hochwasserrisikosteckbriefe
Hinweis: Der hier aufgeführte Hochwasserrisikosteckbrief entspricht dem Stand der verbalen Risikobeschreibung- und Bewertung für das jeweilige Gemeindegebiet. Zum Teil wurde bereits eine aktuellere Version erarbeitet, die oben unter Hochwasserrisikosteckbrief (HWRSt) bereits bereitgestellt ist.
- 8426073_Mietingen_C_Steckbrief.pdf

Blattschnittübersichten
- HWGK_842_Riss-Rot_Blattschnitt_KartenTyp_1a_T2.pdf
- HWGK_842_Riss-Rot_Blattschnitt_KartenTyp_1b.pdf

sonstige Dokumente

Weiterführende Informationen:
- Hochwassergefahrenkarten: Beschreibung der Vorgehensweise zur Erstellung von Hochwassergefahrenkarten in Baden-Württemberg
- Hochwassergefahrenkarten: Beschreibung der Vorgehensweise zur Erstellung von Hochwassergefahrenkarten in Baden-Württemberg - Anlage
- HWRMP Vorgehenskonzept
- HWRMP Vorgehenskonzept Anhang
- Lesehilfe HWGK
- Hochwasserrisikomanagementpläne

A.3.3 ZÜRS Geo-Abfrage

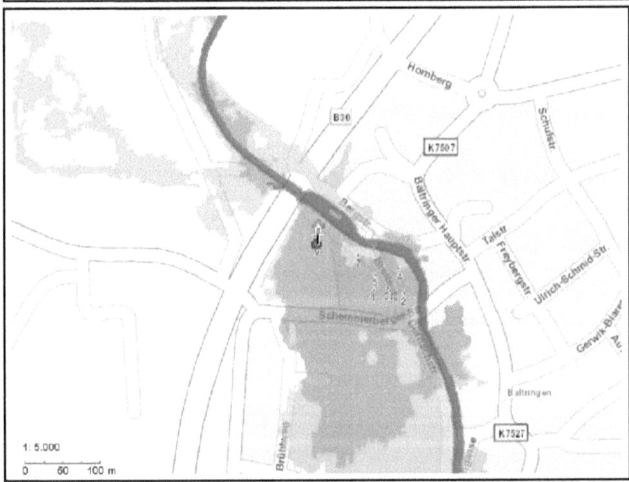

A.3.4 Schadensbilder

A.3.5 Bilder nach der Wiederherstellung

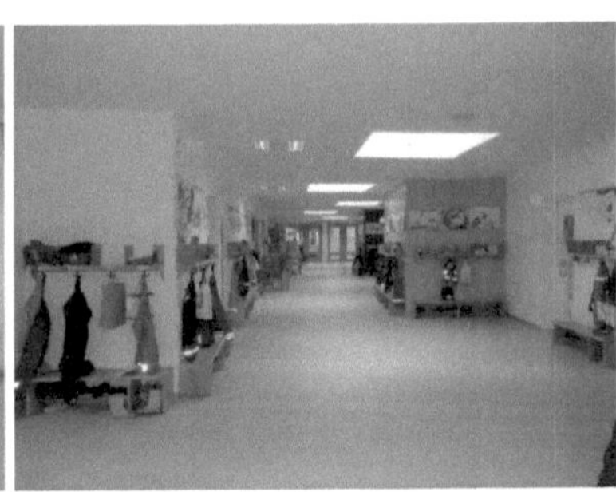

A.3.6 Ausgefüllte Hochwasserrisiko-Analyse

Hochwasserrisiko-Analyse für Hauseigentümer

A Informationen zur Lage

A.1 Standort

PLZ, Ort	88487 Baltringen
Straße, Hausnummer	Breitestraße 9

Wohnlage ☐ innerstädtisch ☑ ländlich

A.2 Informationen zum Hochwasser- und Starkregenrisiko

Für die Beantwortung der Überflutungstiefe sind die Angaben der Hochwassergefahrenkarten maßgebend. Diese sind unter
http://udo.lubw.baden-wuerttemberg.de/public/pages/map/default/index.xhtml zu finden.
Falls die Zürszone nicht bekannt ist, ist der Eintrag der Überflutungstiefe ausreichend.

Gewässer in Umgebung ☑ Ja ☐ Nein Name: Dürnach

ZÜRS Geo Zone *(1 bis 4)* [1] 3

Überflutungstiefe [2] ☐ HQ 10 ___ m ☑ HQ 50 0,3 m
☑ HQ 100 0,4 m ☑ HQ extrem 0,7 m

Topograf. Lage [3] ☑ Senke ☐ Hang ☐ Ebene ☐ Anhöhe

Geländeoberkante (GOK) [4] 514,5 m ü. NN. *(Meter über Normalnull)*

Abstand GOK zu Fußbodenoberkante EG[5] 0 m

Liegt eine angrenzende Straße über der GOK?[6] ☑ Ja ☐ Nein

Bei welchem Wasserstand auf der Straße kann Oberflächenwasser bis hin zum Gebäude fließen?
☑ 20 cm ☐ 50 cm ☐ 80 cm ☐ 1,00 m

Kann Oberflächen auf das Grundstück fließen
von Nachbargrundstücken? ☑ Ja ☐ Nein
von Außenbereichen (Feld, Flur)? ☑ Ja ☐ Nein

B Informationen zum Objekt

B.1 Art und Ausführung des Gebäudes

Gebäudetyp [7] ☑ frei stehendes Haus
☐ Reihenendhaus/ Doppelhaushälfte
☐ Reihenmittelhaus

Unterkellerung ☐ Ja ☑ Nein

Bauweise Außenwände			
☐ Lehmbau	☐ KG	☐ EG/OG
(bitte angeben ob im KG oder im EG/OG, falls eine Unterkellerung vorhanden ist)	☐ Fertigteil-Leichtbau	☐ KG	☐ EG/OG
	☐ Holzfachwerkbau	☐ KG	☐ EG/OG
	☑ Mauerwerksbau	☐ KG	☑ EG/OG
	☐ Stahlbetonbau	☐ KG	☐ EG/OG

Dachform [8] ☐ Flachdach ☑ Pultdach ☐ Satteldach
Dachentwässerung ☑ außenliegend ☐ innenliegend

B.2 Ausstattung und Nutzung

Betroffene Bereiche bei einer Überflutung [9] (Räume im ggf. vorhandenen Keller und EG)	☑ Wohnraum ☐ Gewerbe ☑ Büro ☑ Heizungs- und Technikraum	☐ Lagerraum (z. B. Pellets) ☑ Abstellraum ☑ Waschküche ☑ Werk- oder Hobbyraum
Ölheizung	☐ Ja ☑ Nein	

B.3 Wassereintrittsmöglichkeiten ins Gebäude

Kellergeschoss *(nur bei vorhandener Unterkellerung ausfüllen)*	☐ Kellerwände [10] ☐ Kellersohle [12] ☐ Kanalisation [13] ☐ Lüftungsöffnungen [11]	☐ Umlauf von Hausdurchführungen [11] ☐ undichte Fugen [11] ☐ Kellerfenster, Lichtschächte [14] ☐ Kellertüren [14]
Erdgeschoss/ Obergeschoss	☑ Durchsickerung Außenwände [11] ☐ Durchsickerung Bodenplatte [12] ☑ Kanalisation [13] ☐ Lüftungsöffnungen [11] ☐ undichte Dachhaut [15]	☐ Umlauf von Hausdurchführungen [11] ☐ undichte Fugen [11] ☑ Fenster [14] ☑ Türen [14] ☐ defekte Regenrohre [15]

C Informationen zu Vorsorgemaßnahmen

C.1 Öffentliche Vorsorge

Sind öffentl. Hochwasserschutzeinrichtungen in der Umgebung vorhanden? [16]   ☐ Ja ☑ Nein

Wenn ja, welche?	☐ Talsperre	☐ Rückhaltebecken	☐ Pumpwerk
	☐ Polder	☐ Umleitung	☐ Deich
	☐ Schutzwand	☐ Andere	

C.2 Private Vorsorge

Allgemeine Bauvorsorge

Hochwasserangepasste Bauweise [17]

☐ Keine   ☐ Weiße Wanne   ☐ Schwarze Wanne

☑ Abdichtung außen   ☐ Abdichtung innen

Absicherung gegen Kanalrückstau   ☐ Ja ☑ Nein

☐ Rückstauklappe   ☐ Hebeanlage

Auftriebssichere Öltanksicherung   ☐ Ja ☑ Nein   *(falls Ölheizung vorhanden)*

☐ Raumsicherung   ☐ Tanksicherung

Druckwasserdichte Hauseinführungen   ☑ Ja ☐ Nein

Abgedichtete Fugen   ☑ Ja ☐ Nein

Schutz des Grundstücks gegen Oberflächenwasser   ☐ Ja ☑ Nein

Wenn ja, welche?	☐ Verwallung	☐ Schwelle	☐ Flutmulden
	☐ Schutzmauer	☐ Gefälle	☐ Andere

Kellergeschoss   *(falls Unterkellerung vorhanden)*

Verschluss von Kellerfenstern   ☐ Ja   ☑ Nein
☐ permanent [18]   ☐ vollautomatisch [19]   ☐ teilmanuell [20]   ☐ manuell [21]

Erhöhung & Verschluss von Lichtschächten ☐ Ja   ☑ Nein   Erhöhung _______ m
☐ permanent   ☐ vollautomatisch   ☐ teilmanuell   ☐ manuell

Verschluss von Kellertüren/Toren   ☐ Ja   ☑ Nein
☐ permanent   ☐ vollautomatisch   ☐ teilmanuell   ☐ manuell

Verschluss von Kellerabgang/Rampe   ☐ Ja   ☑ Nein
☐ permanent   ☐ vollautomatisch   ☐ teilmanuell   ☐ manuell

Erdgeschoss/Obergeschoss

Verschluss von Fenstern   ☐ Ja   ☑ Nein
☐ permanent   ☐ vollautomatisch   ☐ teilmanuell   ☐ manuell

Verschluss von Türen   ☐ Ja   ☑ Nein
☐ permanent   ☐ vollautomatisch   ☐ teilmanuell   ☐ manuell

Verschluss von Toren   ☐ Ja   ☑ Nein
☐ permanent   ☐ vollautomatisch   ☐ teilmanuell   ☐ manuell

D Risikozusammenfassung

Trotz einer umfassenden Risikoeinschätzung und der Ausführung geeigneter Schutzmaßnahmen, kann es keinen absoluten Schutz vor Hochwasser geben. Das Schadensrisiko kann durch Schutzmaßnahmen nur verringert werden.

Hochwasser- bzw. Schadensrisiko des untersuchten Objekts:

hoch   gering

10   20   30   40   50   60   70   80   90   100   110   120   130   140   150   160   170   180   190   200

A.4   Beispiel 2: Einfamilienhaus

A.4.1 Pläne

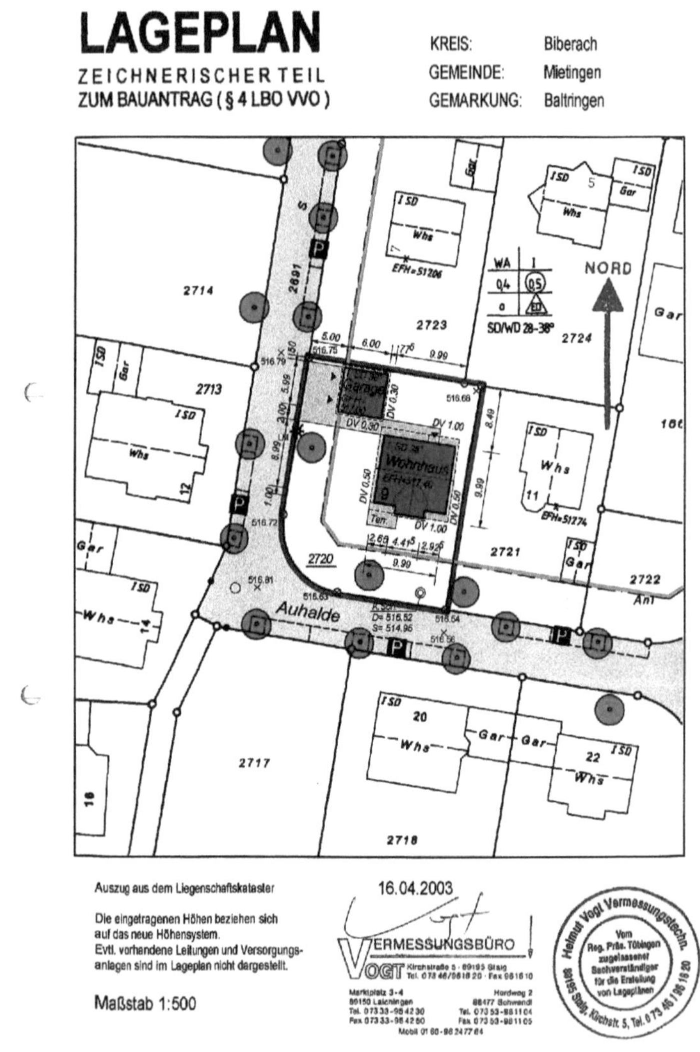

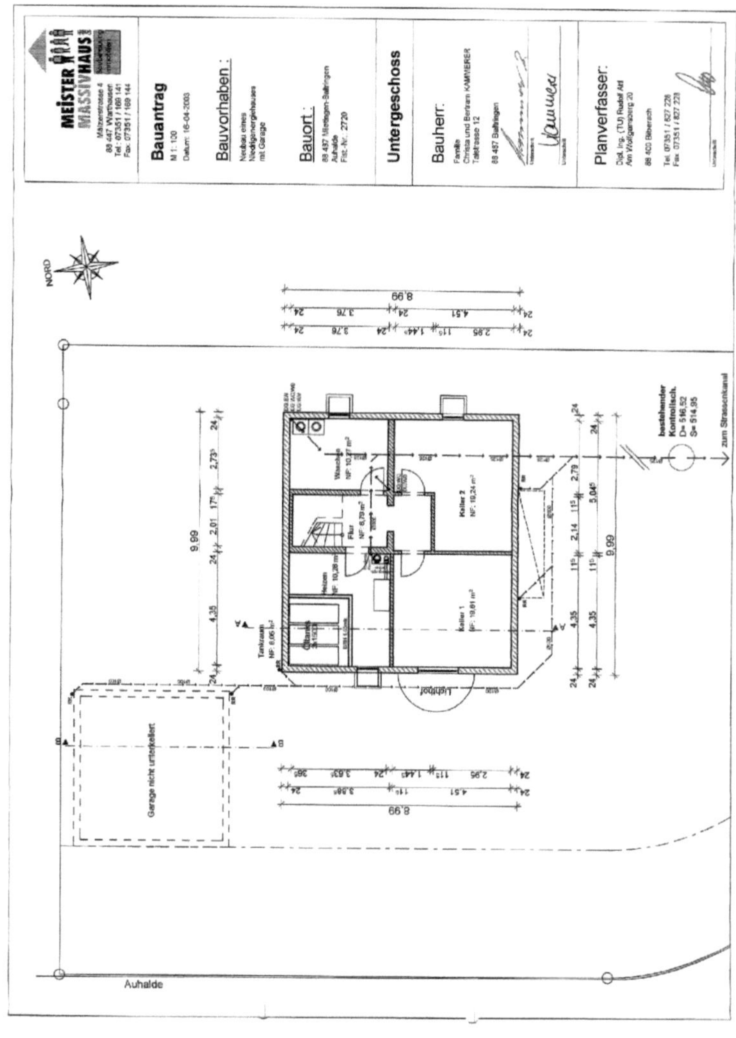

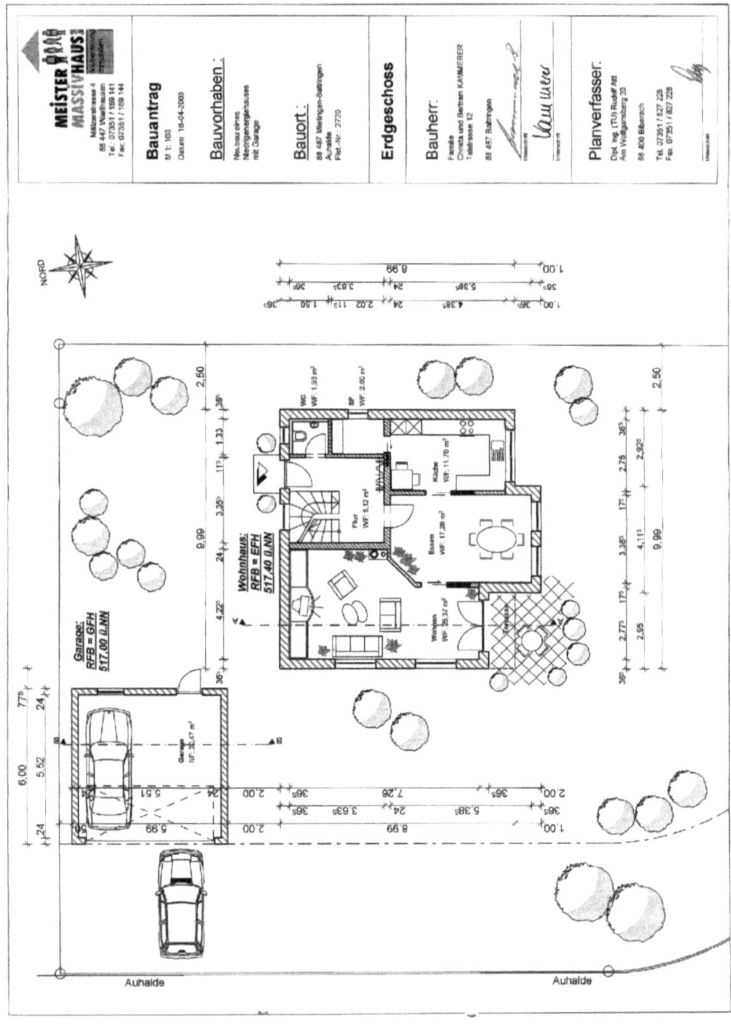

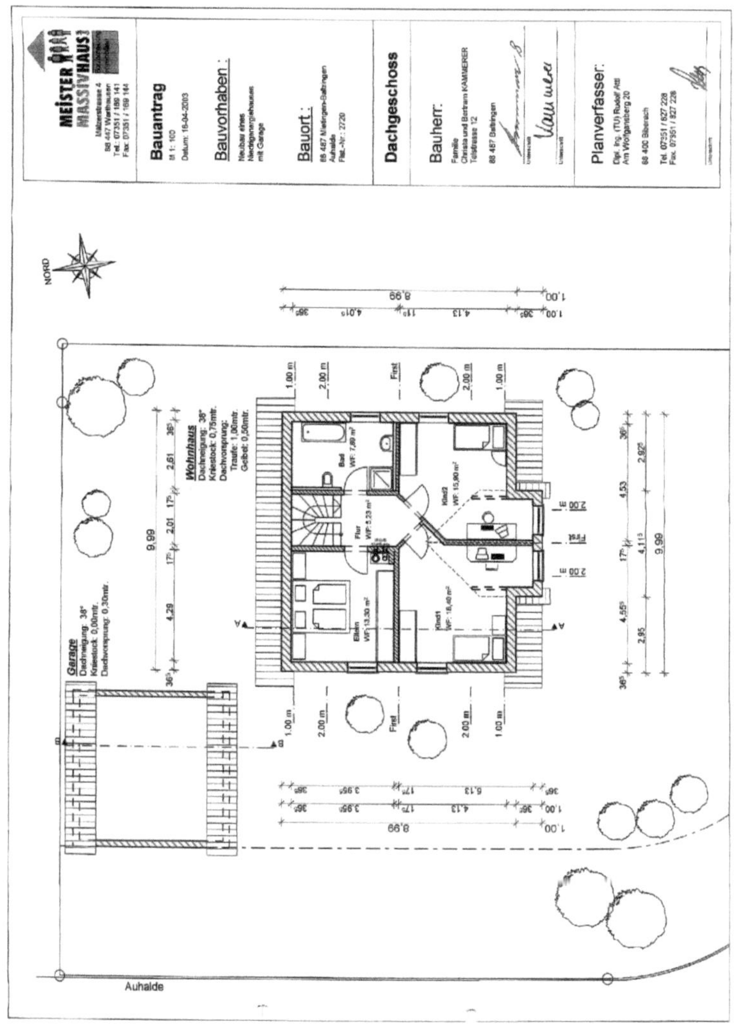

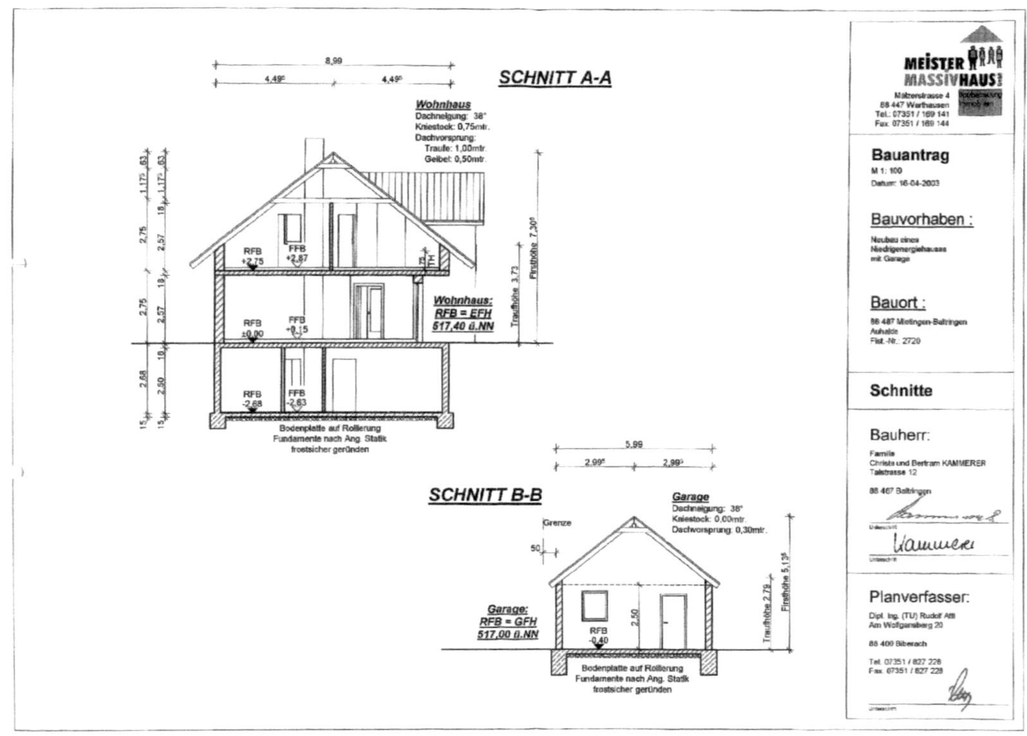
SCHNITT A-A
Wohnhaus
Dachneigung: 38°
Kniestock: 0,75mtr.
Dachvorsprung:
Traufe: 1,00mtr.
Giebel: 0,50mtr.
8,99
4,49
4,49
Firsthöhe 7,30
Traufhöhe 3,73
RFB +2,75
FFB +2,87
RFB ±0,00
FFB +0,15
RFB -2,68
FFB -2,63
Wohnhaus:
RFB = EFH
517,40 ü.NN
Bodenplatte auf Rollierung
Fundamente nach Ang. Statik
frostsicher geründen
SCHNITT B-B
Garage
Dachneigung: 38°
Kniestock: 0,00mtr.
Dachvorsprung: 0,30mtr.
5,99
2,99
2,99
Grenze
50
2,50
RFB -0,40
Garage:
RFB = GFH
517,00 ü.NN
Traufhöhe 2,78
Firsthöhe 5,13
Bodenplatte auf Rollierung
Fundamente nach Ang. Statik
frostsicher geründen
MEISTER MASSIVHAUS
Malzenstrasse 4
88 447 Warthausen
Tel.: 07351 / 169 141
Fax: 07351 / 169 144
Bauantrag
M 1: 100
Datum: 16-04-2003
Bauvorhaben :
Neubau eines
Niedrigenergiehauses
mit Garage
Bauort :
88 487 Mietingen-Baltringen
Auhalde
Flst.-Nr.: 2720
Schnitte
Bauherr:
Familie
Christa und Bertram KAMMERER
Talstrasse 12
88 467 Baltringen
Planverfasser:
Dipl. Ing. (TU) Rudolf Attl
Am Wolfgansberg 20
88 400 Biberach
Tel. 07351 / 827 226
Fax. 07351 / 827 228

A.4.2 Hochwasserrisikomanagement-Abfrage

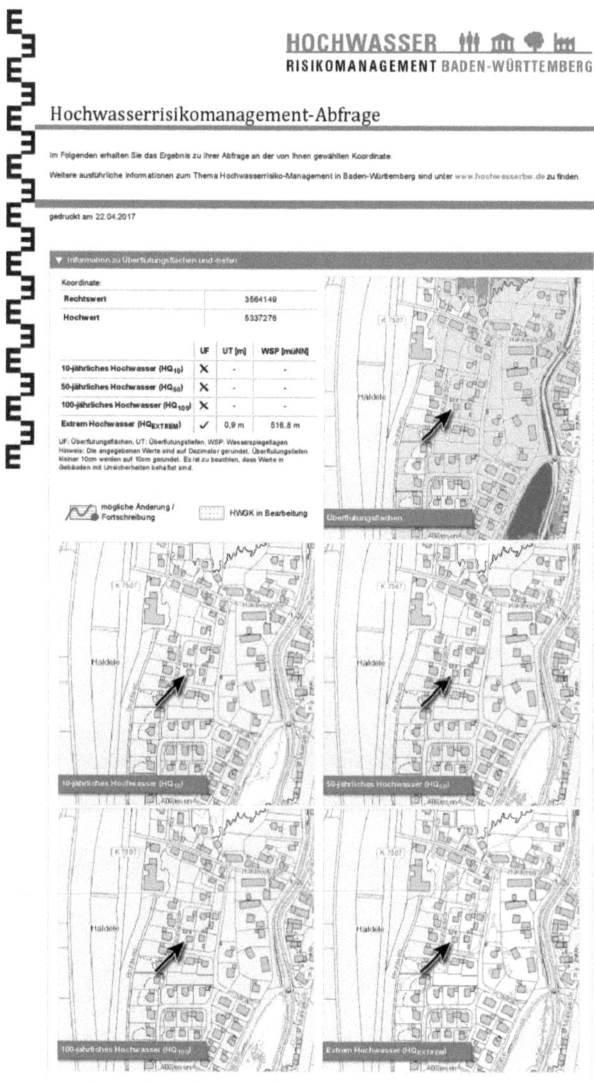

Koordinate:

Rechtswert	3564149
Hochwert	5337276

	UF	UT [m]	WSP [müNN]
10-jährliches Hochwasser (HQ$_{10}$)	X	-	-
50-jährliches Hochwasser (HQ$_{50}$)	X	-	-
100-jährliches Hochwasser (HQ$_{100}$)	X	-	-
Extrem Hochwasser (HQ$_{EXTREM}$)	✓	0,9 m	516,8 m

UF: Überflutungsflächen, UT: Überflutungstiefen, WSP: Wasserspiegellagen
Hinweis: Die angegebenen Werte sind auf Dezimeter gerundet. Überflutungstiefen kleiner 10cm werden auf 10cm gerundet. Es ist zu beachten, dass Werte in Gebäuden mit Unsicherheiten behaftet sind.

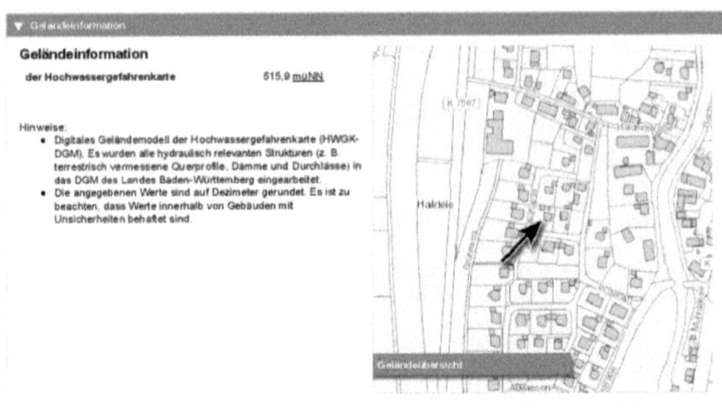

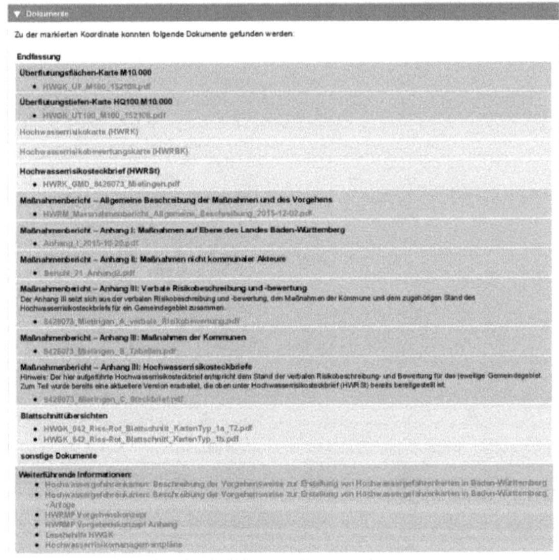

Quelle: LUBW. Die Nutzungsbedingungen des Umweltinformationssystem Baden-Württemberg entnehmen Sie bitte der Nutzungsvereinbarung.

Geobasisdaten: © LGL, www.lgl-bw.de.

A.4.3 ZÜRS Geo-Abfrage

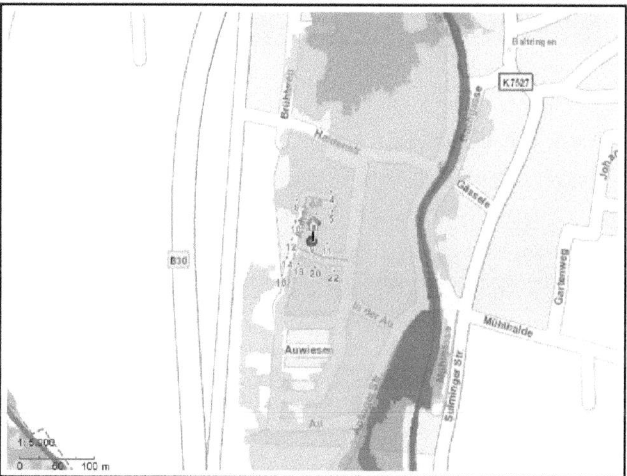

1 von 3

120

A.4.4 Zustand vor dem Hochwasserereignis

A.4.5 Schadensbilder

 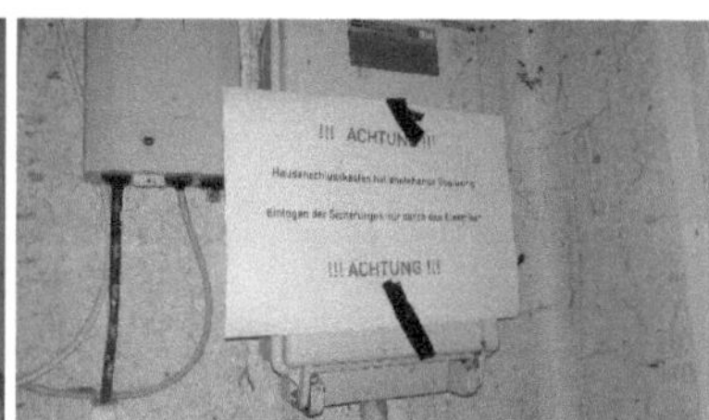

A.4.6 Ausgefüllte Hochwasserrisiko-Analyse

Hochwasserrisiko-Analyse für Hauseigentümer

A Informationen zur Lage

A.1 Standort

PLZ, Ort	88487 Baltringen
Straße, Hausnummer	Auhalde 9

Wohnlage ☐ innerstädtisch ☑ ländlich

A.2 Informationen zum Hochwasser- und Starkregenrisiko

Für die Beantwortung der Überflutungstiefe sind die Angaben der Hochwassergefahrenkarten maßgebend. Diese sind unter http://udo.lubw.baden-wuerttemberg.de/public/pages/map/default/index.xhtml zu finden.
Falls die Zürszone nicht bekannt ist, ist der Eintrag der Überflutungstiefe ausreichend.

Gewässer in Umgebung ☑ Ja ☐ Nein Name: Dürnach

ZÜRS Geo Zone *(1 bis 4)* [1] 2

Überflutungstiefe [2] ☐ HQ 10 _____ m ☐ HQ 50 _____ m
☐ HQ 100 _____ m ☐ HQ extrem 0,9 m

Topograf. Lage [3] ☐ Senke ☐ Hang ☐ Ebene ☐ Anhöhe

Geländeoberkante (GOK) [4] 516 m ü. NN. *(Meter über Normalnull)*

Abstand GOK zu Fußbodenoberkante EG[5] 0,6 m

Liegt eine angrenzende Straße über der GOK?[6] ☐ Ja ☑ Nein

Bei welchem Wasserstand auf der Straße kann Oberflächenwasser bis hin zum Gebäude fließen?
☑ 20 cm ☑ 50 cm ☑ 80 cm ☑ 1,00 m

Kann Oberflächen auf das Grundstück fließen
von Nachbargrundstücken? ☑ Ja ☐ Nein
von Außenbereichen (Feld, Flur)? ☐ Ja ☑ Nein

B Informationen zum Objekt

B.1 Art und Ausführung des Gebäudes

Gebäudetyp [7] ☑ frei stehendes Haus
☐ Reihenendhaus/ Doppelhaushälfte
☐ Reihenmittelhaus

Unterkellerung ☑ Ja ☐ Nein

Bauweise Außenwände		KG	EG/OG
☐ Lehmbau		☐ KG	☐ EG/OG
☐ Fertigteil-Leichtbau		☐ KG	☐ EG/OG
☐ Holzfachwerkbau		☐ KG	☐ EG/OG
☑ Mauerwerksbau		☐ KG	☑ EG/OG
☑ Stahlbetonbau		☑ KG	☐ EG/OG

(bitte angeben ob im KG oder im EG/OG, falls eine Unterkellerung vorhanden ist)

Dachform [8] ☐ Flachdach ☐ Pultdach ☑ Satteldach
Dachentwässerung ☑ außenliegend ☐ innenliegend

B.2 Ausstattung und Nutzung

Betroffene Bereiche	☑ Wohnraum	☐ Lagerraum (z. B. Pellets)
bei einer Überflutung [9]	☐ Gewerbe	☑ Abstellraum
(Räume im ggf. vorhandenen	☑ Büro	☑ Waschküche
Keller und EG)	☑ Heizungs- und Technikraum	☑ Werk- oder Hobbyraum

Ölheizung ☐ Ja ☑ Nein

B.3 Wassereintrittsmöglichkeiten ins Gebäude

Kellergeschoss	☐ Kellerwände [10]	☐ Umlauf von Hausdurchführungen [11]
(nur bei vorhandener	☐ Kellersohle [12]	☐ undichte Fugen [11]
Unterkellerung ausfüllen)	☐ Kanalisation [13]	☑ Kellerfenster, Lichtschächte [14]
	☐ Lüftungsöffnungen [11]	☐ Kellertüren [14]

Erdgeschoss/	☐ Durchsickerung Außenwände [11]	☐ Umlauf von Hausdurchführungen [11]
Obergeschoss	☐ Durchsickerung Bodenplatte [12]	☐ undichte Fugen [11]
	☐ Kanalisation [13]	☐ Fenster [14]
	☐ Lüftungsöffnungen [11]	☑ Türen [14]
	☐ undichte Dachhaut [15]	☐ defekte Regenrohre [15]

C Informationen zu Vorsorgemaßnahmen

C.1 Öffentliche Vorsorge

Sind öffentl. Hochwasserschutzeinrichtungen in der Umgebung vorhanden? [16]   ☐ Ja ☑ Nein

Wenn ja, welche?
☐ Talsperre   ☐ Rückhaltebecken   ☐ Pumpwerk
☐ Polder   ☐ Umleitung   ☐ Deich
☐ Schutzwand   ☐ Andere

C.2 Private Vorsorge

Allgemeine Bauvorsorge

Hochwasserangepasste Bauweise [17]

☐ Keine   ☑ Weiße Wanne   ☐ Schwarze Wanne
☐ Abdichtung außen   ☐ Abdichtung innen

Absicherung gegen Kanalrückstau   ☑ Ja ☐ Nein
☐ Rückstauklappe ☑ Hebeanlage

Auftriebssichere Öltanksicherung   ☐ Ja ☑ Nein *(falls Ölheizung vorhanden)*
☐ Raumsicherung ☐ Tanksicherung

Druckwasserdichte Hauseinführungen   ☑ Ja ☐ Nein

Abgedichtete Fugen   ☑ Ja ☐ Nein

Schutz des Grundstücks gegen Oberflächenwasser   ☐ Ja ☑ Nein

Wenn ja, welche?
☐ Verwallung   ☐ Schwelle   ☐ Flutmulden
☐ Schutzmauer   ☐ Gefälle   ☐ Andere

Kellergeschoss   *(falls Unterkellerung vorhanden)*

Verschluss von Kellerfenstern ☐ Ja ☑ Nein
☐ permanent [18] ☐ vollautomatisch [19] ☐ teilmanuell [20] ☐ manuell [21]

Erhöhung & Verschluss von Lichtschächten ☐ Ja ☑ Nein   Erhöhung ________ m
☐ permanent ☐ vollautomatisch ☐ teilmanuell ☐ manuell

Verschluss von Kellertüren/Toren ☐ Ja ☑ Nein
☐ permanent ☐ vollautomatisch ☐ teilmanuell ☐ manuell

Verschluss von Kellerabgang/Rampe ☐ Ja ☑ Nein
☐ permanent ☐ vollautomatisch ☐ teilmanuell ☐ manuell

Erdgeschoss/Obergeschoss

Verschluss von Fenstern ☐ Ja ☑ Nein
☐ permanent ☐ vollautomatisch ☐ teilmanuell ☐ manuell

Verschluss von Türen ☐ Ja ☑ Nein
☐ permanent ☐ vollautomatisch ☐ teilmanuell ☐ manuell

Verschluss von Toren ☐ Ja ☑ Nein
☐ permanent ☐ vollautomatisch ☐ teilmanuell ☐ manuell

D Risikozusammenfassung

Trotz einer umfassenden Risikoeinschätzung und der Ausführung geeigneter Schutzmaßnahmen, kann es keinen absoluten Schutz vor Hochwasser geben. Das Schadensrisiko kann durch Schutzmaßnahmen nur verringert werden.

Hochwasser- bzw. Schadensrisiko des untersuchten Objekts:

hoch   gering

10 20 30 40 50 60 70 80 90 100 110 120 130 140 150 160 170 180 190 200

▲